From the Kingdom of Belgium

嚐一口就幸福！

比利時糕點師精品甜點

Les sens ciel

羅淑慧　譯

瑞昇文化

Introduction

經常透過YouTube觀看我的影片的觀眾們、第一次接觸我的食譜的讀者們，大家好。

我是在比利時從事甜點師工作的Les sens ciel。因為在YouTube上傳甜點製作的影片，受到許多觀眾們的支持，所以才有了這次的出版機會。

我的名字是Les sens ciel，直譯的意思是「天空的香味」。另外，法語的l'essentiel（最重要的、本質的）也有著相同的發音。這是比利時的好朋友幫我取的名字，意思是以天空飄散的甜點香氣為形象，在「重視本質」的基礎下製作甜點。

法語圈有許多同音異義語的存在，因為當地民眾從國小便開始讀詩、舞文弄墨，所以非常擅長押韻。

正因為如此，朋友才能從Les sens ciel的發音自然聯想到同音異義語的l'essentiel。

當初，我本來打算把這兩個名字放在YouTube的個人頻道上，再向大家說明名字的由來。可是，命名的比利時朋友卻極力勸說，「不可以奪走想像的樂趣。就是因為能夠把這兩個名字聯想在一起，我們才能感受到『純淨美好』！」所以現在頻道上面只有簡單的標記Les sens ciel。很高興能夠懷抱著這個比利時獨一無二的俏皮名字，把甜點製作的樂趣傳達給大家。

本書介紹的食譜全是我歷經長年的失敗與挫折之後，所研發出的珍藏食譜。其中還包含把YouTube上的熱門甜點改良得更容易製作的食譜，仔細解說「這樣做就不會失敗！」的重點。

另外，本書還把各章節分成春夏秋冬，希望讓大家感受到四季的故事。請大家務必享受季節的甜點製作。

甜點製作的基礎在於完美遵照食譜。如果沒有確實遵照，慕斯就無法凝固、麵糊就會分離，就無法製作出完美的甜點。食譜的每一個步驟都有其意義存在──只要堅信這一點，不怕麻煩，確實遵循步驟，就能夠在家裡製作出堪比專業的美味蛋糕。

Lessensciel

Contents

甜點製作規則

這邊彙整了製作甜點前應該預先確認的規則。
在開始之前，請先詳閱一番吧！

01 提前備妥

事先做好準備，檢查材料是否足夠、必要的道具是否準備齊全吧！另外，視情況需要，預先測量材料，也是非常重要的事情。本書的材料下方設有〔準備〕項目，請大家務必確認。

02 烤箱別忘了預熱

隨著時間的流逝，麵糊裡面的氣泡會慢慢消失，就會影響到出爐後的口感，所以如果錯過進烤箱的時機，就無法烤出專業的美味。本書會記載按下預熱開關的時機，請大家作為參考。

03 用符合份量的容器進行作業

例如，用小的調理盆攪拌，結果導致材料漏到外面，又或者容器太大，導致攪拌器無法均勻攪拌……。為了能在最佳狀態下，毫無壓力地製作甜點，選擇符合份量的容器也是非常重要的事情。

04 確保作業空間，確認必要的道具

足夠的作業空間也是非常重要的事情。另外，預先在腦中模擬流程，然後把過程中的必要道具配置在更容易使用的位置，也是讓作業程序更加流暢的訣竅所在。還不習慣的時候，尤其要特別注意。

05 不斷重複意象訓練

製作甜點時，尤其重要的是溫度和時機。「下個步驟是什麼？」一旦停頓下來，就可能錯過最佳狀態或重要時機。只要進行意象訓練（Imagery Training），就能看見拖慢自己速度的重點，就能預防失敗於未然。

本書規則

本書製作甜點的規則。
充分閱讀後再開始作業吧！

■ **精白砂糖**

・基本上，本書的食譜都是使用精白砂糖（歐洲沒有日本常見的白砂糖，基本上不會用它來製作西式甜點）。

・基本上是建議使用精白砂糖，不過，也可以依個人喜好，改變砂糖的種類。三溫糖、蔗糖、黑糖等，請依照個人喜好試著改良。

■ **微波爐**

・微波爐的加熱時間會因機種和品牌而有不同。請參考書中標示的時間，一邊觀察情況，一邊調整時間。

■ **所需時間與作業符號**

・材料上面會標示所需時間，請以其作為甜點製作的參考。

・需要花費時間的作業會用符號進行標示。材料測量至備料完成的時間就是預估的所需時間。

▤ →冰箱　　　　　🍳 →鍋子

▣ →烤箱　　　　　🍳 →平底鍋

🍲 →發酵

🍵 →靜置

■ **其他**

・雞蛋使用L尺寸（約60g）。蛋黃1個約20g。蛋白1個約40g。

・明膠使用明膠粉。

■ **鮮奶油的百分比**

・鮮奶油也會標記乳脂肪含量，不過，也可以用35～40％來取代。可依個人喜好或使用比較容易取得的百分比。

・鮮奶油的百分比越低，口感越清爽，反之則是越濃醇。

■ **巧克力**

・本書使用的巧克力，可可濃度分別是牛奶巧克力31％、白巧克力32％、紅寶石巧克力47.3％、未標示的黑巧克力則是55％。

・基本上，最好使用可可濃度符合指定的巧克力，但如果沒有的話，則建議使用可可濃度低於指定的種類（可可濃度越高，口感可能變得鬆散）。

■ **鮮奶油的硬度**

・本書頻繁出現的七分發鮮奶油，硬度如下列照片所示。雖會流動但只會殘留隱約痕跡的七分發鮮奶油是用於慕斯的最恰當硬度。

・把鮮奶油塗抹在藝術蛋糕的時候，十分發的鮮奶油太硬，質地鬆散，會導致外觀變得不好看。鮮奶油開始靜置，就會瞬間凝固。用手持攪拌器打發至七成左右，之後再用攪拌器調整硬度，就是避免失敗的訣竅。

基本道具

開始製作甜點之前,先備妥道具吧!
介紹在本書登場的道具。

橡膠刮刀大、小

重視食譜的甜點師必需品。沾黏在調理盆上面的麵團也包含在食譜份量當中。小尺寸的橡膠刮刀比較易於攪拌,非常便利。

攪拌器(打蛋器)

攪拌奶油、慕斯等柔滑材料時非常便利。建議選用鋼絲持久耐用的堅固類型。頭部偏小的類型比較容易使用。

抹刀大、小

塗抹奶油、修整蛋糕形狀時使用。請找尋容易使用、自己慣用的類型。購買時建議檢查抹刀部分是否筆直!

溫度計、紅外線溫度計

紅外線溫度計能夠瞬間測量出表面溫度,在注重時間的場合特別好用。不過,測量奶油等的中央溫度時,採用探針測量的一般溫度計會比較精準。

調理盆

使用方便的耐熱類型。打發蛋白霜或鮮奶油時,為了讓手持攪拌機的攪拌棒能夠均勻觸及,建議採用盆底不會太大的深底調理盆。

蛋糕模型

基本上,本書使用的是直徑15cm的圓形圈模。除此之外還有磅蛋糕或圓形等模型,模型的收藏也是一種樂趣。

攪拌機

甜點師必需品,比手動方式更能夠攪拌出柔滑質地。不同於手持攪拌機,即便是鍋子或杯子等底部較深的容器也可以使用。

手持攪拌機

可大幅縮短作業時間的手持攪拌機。只要用它來製作蛋白霜,就可以攪拌出質地細膩的完美狀態。強力推薦給初學者的道具之一。

食物調理機

可大幅縮短作業時間。可以在不加熱的情況下攪拌奶油,也能製作出穩定的餅乾麵團。尤其更是夏天的最佳利器。

磅秤（料理秤）

如果可以，建議使用最小單位能測量0.1g的量秤。也要善加運用扣重功能（扣掉容器重量再進行測量的功能）。

蛋糕膜

果凍或慕斯類甜點的必備道具。照片中的蛋糕膜是營業用的種類，不過，日本的烘焙材料店或網路也可以買得到。

矽膠製模型

沒有烘焙紙或蛋糕膜的時候，可以用它來製作甜點。耐熱類型也可以用來製作磅蛋糕或熔岩巧克力。

巧克力模型

製作糖果巧克力或片狀巧克力的話，建議採用塑膠製。矽膠製容易軟塌、變形，會導致作業效率變差。

攪拌刮刀

巧克力製作作業時的最佳利器。製作糖果巧克力的時候，用來刮除多餘巧克力，特別好用。

擠花袋

除了甜點裝飾之外，烤麵糊或製作糖果巧克力等，把相同份量的餡料擠進小模型的時候，也是非常好用。

花嘴

有星型、圓形、聖歐諾黑形花嘴等各式各樣的種類。只要善加利用，就可以製作出豐富、多變的甜點。

篩網、濾茶器

撒粉、過篩。去除多餘材料、調整質地的時候，會經常用到。只要稍微費點功夫，品質就能大躍進。

烘焙紙

除了烤塔皮或海綿蛋糕之外，製作小甜餅等甜點的時候也會用到，可說是甜點製作的必要道具。

擀麵棍

均勻擀壓餅乾麵團的時候，或是把材料敲碎的時候都可以使用。捲蛋糕捲的時候也非常好用！

木杓

處理焦糖或糖漿等，溫度超過100℃的材料時使用。如果有耐熱性較強的矽膠刮刀，也可以用來取代。

刷子

把糖漿拍打在蛋糕體或塗抹糖霜的時候，非常好用的道具。建議採用容易取得、高耐熱的矽膠製刷子。

Chapter 1

晴朗的春季甜點

{ spring }

讓人預感到『新的開始』的春天。

與慢慢回暖的氣溫呈正比，

身心靈也逐漸變得舒適的季節。

收錄了符合晴朗氛圍的

春季獎勵甜點

覆盆子慕斯
和非烘焙起司塔

就像日本人喜歡草莓蛋糕那樣，
歐洲當地則是覆盆子蛋糕特別熱銷。
這次用鬆軟酥脆口感的塔皮
和入口即化的慕斯製作出華麗的蛋糕。

材料《直徑15cm的模型1個》

||| 酥餅碎

低筋麵粉 — 130g

杏仁粉 — 50g

精白砂糖 — 100g

鹽巴 — 2小撮

無鹽奶油 — 95g

燕麥片 — 25g

蛋白 — 20g（1/2顆）

乾果（小紅莓等）— 25g

||| 非烘焙起司

明膠粉 — 4g

冷水 — 20g

奶油起司 — 150g

糖粉 — 20g

無糖優格 — 33g

鮮奶油（35%）— 60g

（七分發）

||| 覆盆子慕斯

明膠粉 — 3g

冷水 — 15g

覆盆子果泥 — 140g

鮮奶油（35%）— 100g

（七分發）

||| 覆盆子果凍

明膠粉 — 2.5g

冷水 — 12.5g

覆盆子果泥 — 120g

精白砂糖 — 13g

||| 裝飾用

覆盆子 — 適量

糖粉 — 適量

香草 — 適量

冷卻奶油是關鍵

奶油如果沒有充分冷卻，就無法呈現鬆散狀態，就會變得黏稠。口感也會變差，因此，奶油必須事先充分冷卻。

準備

| 依照模型尺寸，預先裁剪3片烘焙紙 ⓐ ⓑ ⓒ。

| 把 ⓐ 烘焙紙鋪在模型裡面。

| 無鹽奶油切成骰子狀，放進冰箱確實冷卻備用。

| 烤箱預熱150℃（在步驟13的5分鐘前按下開關尤佳）。

| 奶油起司軟化至室溫程度。

側面剖面圖

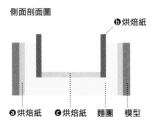

ⓐ烘焙紙　ⓒ烘焙紙　麵團　模型

Step 1 〔 烤酥餅碎 〕

1 把低筋麵粉、杏仁粉、精白砂糖、鹽巴放進食物調理機，攪拌約5分鐘，使整體充分混合。

2 把預先冷卻的無鹽奶油放進1的食物調理機，攪拌至奶油整體變得鬆散。

3 把燕麥片、蛋白和撕碎的乾果放進2的食物調理機，攪拌至整體變成顆粒狀。這個時候，就算沒有整體混合均勻也OK。

4 把3的材料倒在砧板上，用手輕輕捏成團。

5 用保鮮膜包起來，擀壓成薄片後，放進冰箱冷藏30分鐘。預先擀壓成薄片，之後就能更容易放進塔模型裡面。

6 冷藏完成的麵團，拿掉保鮮膜，放在撒有手粉（份量外的低筋麵粉）的砧板上，擀壓成厚度3mm左右的薄片。

7

用直徑15cm的圓形圈模壓切出底部派皮。

11

用小刀把上方露出的多餘部分切除。

15

放進壓塔石。壓塔石很重，就算沒有裝滿也OK。可是，若是用豆類代替的話，就要確實裝滿。

8

把7的底部派皮放進舖有❶烘焙紙的模型底部。

12

用叉子在底部扎出多個小孔，放進冰箱約冷藏30分鐘。在進入下個步驟13的5分鐘之前，將烤箱預熱150℃。

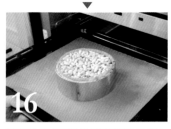

16

用預熱至150℃的烤箱烤35分鐘左右。

9

把麵團切成帶狀，作為側面塔皮用。只要利用尺和派皮切刀，就更容易切。

13

把❷烘焙紙舖在側面。

17

取出壓塔石和模型、烘焙紙，約空烤12分鐘。出爐後，放涼備用。

10

沿著模型放進切好的9側面塔皮，用手指按壓接縫處，讓側面派皮和底部派皮銜接在一起。

14

把❸烘焙紙舖在模型底部。

18

把冷水倒進明膠粉裡面攪拌均匀，放進冰箱泡軟備用。

22

進一步把七分發的鮮奶油倒進 **21** 的調理盆裡面充分攪拌。

24

把冷水倒進明膠粉裡面攪拌均匀，放進冰箱泡軟備用。

19

把奶油起司放進調理盆，用橡膠刮刀攪拌至柔滑程度。倒進糖粉，進一步用橡膠刮刀充分攪拌至柔滑程度。

23

把 **22** 的材料倒進塔皮裡面，將表面抹平，冷卻凝固。標準約冷藏3小時。或是冷凍約30分鐘。

25

用500W的微波爐加熱覆盆子果泥約30秒，**24** 的明膠也要用500W的微波爐加熱20秒，融化後，充分攪拌。

20

加入無糖優格，充分攪拌。

26

讓 **25** 的材料冷卻至30℃，混入七成發的鮮奶油後，充分攪拌均匀。

21

用500W的微波爐加熱 **18** 的明膠約20秒，一邊觀察狀態，融化後，倒進 **20** 裡面充分攪拌。

明膠慢慢加溫

明膠也好，鮮奶油也罷，如果微波過度就會爆開。重點就是要一邊觀察狀態，一邊慢慢加熱。

27

倒在 **23** 的非烘焙起司上面，將表面抹平，冷卻凝固。標準約冷藏3小時。或是冷凍約30分鐘。

Step 4 { 製作 覆盆子果凍

28

把冷水倒進明膠粉裡面攪拌均勻，放進冰箱泡軟備用。

29

把精白砂糖放進覆盆子果泥裡面，用500W的微波爐加熱約30秒，充分攪拌直到精白砂糖融化為止。

30

用500W的微波爐加熱28的明膠約20秒，融化後，倒進29裡面，充分攪拌。

Step 5 { 裝飾用

31

把覆盆子裝飾在蛋糕的外圍，慢慢倒入30的覆盆子果凍，冷卻凝固。標準約冷藏1小時。因為上面有裝飾生水果，所以最好不要放進冷凍庫。

32

用蓋子覆蓋蛋糕，從上方撒上糖粉。

33

依個人喜好裝飾上香草，完成。

歐洲的覆盆子
比草莓更受歡迎的酸甜水果

　　覆盆子的法語稱為framboise。不過，日本民眾應該對英語的raspberry比較熟悉吧？在日本，覆盆子幾乎都是以冷凍的型態進行販售，所以應該很少看到生的覆盆子，不過，不管如何，framboise和raspberry都是相同的。

　　覆盆子是歐洲大量栽培的水果，是超商裡面絕對看得到的熱銷水果。尤其製作成果醬或果泥之後，所呈現出的紅色會比草莓來得更加鮮豔，味道也帶有鮮明的酸甜滋味。雖然草莓也很受歡迎，不過，因為草莓的水含量較多，所以對蛋糕製作來說，覆盆子更能夠製作出溫和、鬆軟的綿密味道。歐洲人很喜歡檸檬等酸味強烈的水果，所以味道鮮明的覆盆子就更受歡迎。

　　事實上，在全年活動最盛大的聖誕節當中，覆盆子的受歡迎程度也幫了我們甜點師不少的忙。

　　說到聖誕節蛋糕，就屬以木柴為主題的聖誕樹幹蛋糕最為經典，但是，由於聖誕樹幹蛋糕的備料量比較多，所以存放材料的冷凍空間就會受限。基於收納空間的條件許可，有時可能沒辦法一次製作太多聖誕樹幹蛋糕。因此，每年還是必須製作一些普通的蛋糕形狀（方形或圓形等），否則就可能導致許多顧客買不到聖誕蛋糕。可是，事實上，樹幹蛋糕還是比較受歡迎，預約量往往還是偏多……。

　　因此，我們在數年前的聖誕節就有了這樣的討論，「要不要試著把受歡迎的覆盆子蛋糕製作成方形（一般的蛋糕形狀）？」於是我們便做了嘗試。結果，預約的訂單果然成功分散。比利時的人們放棄訂購聖誕節較經典的聖誕樹幹蛋糕，紛紛將注意力轉向覆盆子蛋糕，這便是人們偏愛覆盆子的最佳證明！

　　說個題外話，也有很多家庭會在庭院裡種植覆盆子，然後開心地展示，「覆盆子就像香草那樣，只要種上一株就可以大量採收」。因為覆盆子比較容易損傷或發霉，所以如果在超商等地方看到的話，建議仔細確認狀態，也可以用來它妝點蛋糕。

no.02_ *Strawberry charlotte cake*

草莓
夏洛特蛋糕

所謂的夏洛特（charlotte）是，
外觀看起來像女性帽子的蛋糕。
YouTube觀看次數超過300萬次的這個食譜
已經重新改良，就算在家裡也能輕鬆製作。
這是我相當引以為傲的食譜，
當我把這個蛋糕送給某位男孩時，
我收到了十分令人開心的感想，
『這個蛋糕叫什麼名字？如果是我，
我會把它命名為Gâteau de rêve（夢想蛋糕）！』

材料《直徑15cm的模型1個》

彼士裘伊海綿蛋糕
（35×30cm的模型）

無鹽奶油 ― 32g
蛋黃 ― 3個
蛋白 ― 80g（2個）
精白砂糖 ― 45g
食用色素（紅）― 約5滴
低筋麵粉 ― 32g

優格慕斯

鮮奶油（35%）― 135g
（七分發）
明膠粉 ― 3.5g
冷水 ― 17.5g
無糖優格 ― 100g
糖粉 ― 30g
檸檬汁 ― 1/2顆

草莓慕斯

明膠粉 ― 3g
冷水 ― 15g
蛋黃 ― 3個
精白砂糖 ― 55g
草莓果泥 ― 120g
鮮奶油（35%）― 135g
（七分發）

草莓果凍

明膠粉 ― 2.5g
冷水 ― 12.5g
草莓果泥 ― 120g
精白砂糖 ― 13g

裝飾用

草莓 ― 適量
個人喜愛的水果 ― 適量
香草 ― 適量

準備

預先把烘焙紙鋪在烤盤上（35×30cm）［A］。

烤箱預熱180℃（在步驟4的時候按下開關尤佳）。

A

Step 1 製作 彼士裘伊海綿蛋糕

1
一邊觀察狀態，一邊用500W的微波爐加熱無鹽奶油20～30秒，使無鹽奶油融化。

2
用手持攪拌機攪拌，直到蛋黃呈現泛白、濃稠。

3
一邊用手持攪拌機攪拌蛋白，一邊分5次加入精白砂糖，製作出勾角挺立、質地細緻的蛋白霜。

4
加入最後一次的精白砂糖，攪拌完成後，加入食用色素，確實攪拌，避免染色不均。這個時候，將烤箱預熱180℃。

5
把2的蛋黃和4的蛋白霜放在一起，從調理盆的中央往外側大幅畫圓攪拌5次。這個時候，就算蛋白霜和蛋黃沒有攪拌均勻也OK。

6
一邊篩入低筋麵粉，一邊從調理盆底部往上撈，大幅攪拌15次，避免擠破氣泡。

7
把部分6的麵糊放進1的無鹽奶油裡面，充分攪拌。

8
將7倒回調理盆，從調理盆底部往上撈，粗略攪拌，避免擠破氣泡。要注意避免過度攪拌。

把麵糊倒進烤盤，抹平。

在直徑15cm的模型底部鋪上烘焙紙，依照底部和側面的尺寸裁切彼士裘伊海綿蛋糕，然後入模。

把糖粉放進無糖優格裡面，充分攪拌均勻，避免結塊。使用糖粉就比較不容易結塊。

用預熱至180℃的烤箱烤10分鐘。

夾慕斯用的彼士裘伊海綿蛋糕（尺寸略小一點）也要預先裁切備用。

把檸檬汁倒進16的材料裡面，充分攪拌。

出爐後，放涼備用。

鮮奶油製作成七分發。這裡也要預先把草莓慕斯用的鮮奶油製作起來備用。

用500W的微波爐加熱15的明膠約20秒，一邊觀察狀態，融化之後，倒入17的材料，充分攪拌。

把冷水倒進明膠粉裡面攪拌均勻，放進冰箱泡軟備用。

把18的材料倒進七分發的鮮奶油裡面，充分攪拌混合。

20

倒進預先準備好的模型裡面，抹平表面。

24

把草莓果泥放進鍋子裡面，一邊攪拌，一邊用小火烹煮至咕嘟咕嘟沸騰的程度。因為果泥比較容易燒焦，所以要不斷攪拌，持續觀察、注意！

27

把22的明膠倒進26的鍋子裡面充分攪拌，然後再倒進其他容器，冷卻至30℃備用。

21

放入13的彼士裘伊海綿蛋糕，放進冰箱冷卻凝固。標準約冷藏3小時。或是冷凍約1小時。

$\mathcal{S}tep\ 3$｛製作
草莓慕斯

22

把冷水倒進明膠粉裡面攪拌均勻，放進冰箱泡軟備用。

25

用攪拌器充分攪拌，一邊把24的草莓果泥倒進23的蛋黃泥裡面。

> **訣竅就是慢慢加入**
> 剛開始只加入少許果泥，然後再充分攪拌，便是避免雞蛋凝固的訣竅。之後剩餘的果泥也要一邊充分攪拌，一邊倒入，這樣雞蛋就比較不容易凝固。

> **為什麼要降低溫度呢？**
>
>
>
> 如果在高溫狀態下和鮮奶油混合在一起，材料就會變成稀疏的液體，就會失去慕斯的鬆軟口感。盡量倒進開口較大的平底容器裡面，就是快速降低溫度的訣竅。

28

把冷卻備用的27倒進步驟14七分發的鮮奶油裡面，充分攪拌。

23

把精白砂糖放進蛋黃裡面，充分攪拌直到呈現隱約泛白。

26

再次把25的材料過濾到鍋裡，一邊攪拌加熱，直到溫度上升至82℃，把鍋子從火爐上移開。

29

倒在21的優格慕斯上面，將表面抹平，冷卻凝固。標準約冷藏3小時。或是冷凍約1小時。

$\mathcal{S}tep\ 4$ { 製作 草莓果凍

30

把冷水倒進明膠粉裡面攪拌均勻，放進冰箱泡軟備用。

▼

31

把精白砂糖倒進草莓果泥裡面充分攪拌，用500W的微波爐加熱30秒，讓精白砂糖融化。

▼

32

用500W的微波爐加熱30的明膠約20秒，一邊觀察狀態，融化之後，冷卻至低於人體肌膚（25℃尤佳）的溫度。倒進31裡面，充分攪拌。

▼

33

把29的模型和烘焙紙取下，把32的草莓果凍倒在草莓慕斯上面，冷卻凝固。標準約冷藏1小時。或是冷凍約30分鐘。

$\mathcal{S}tep\ 5$ { 裝飾用

34

用草莓裝飾。若是使用帶有蒂頭的草莓，綠色就能成為裝飾重點，所以特別推薦。

▼

35

用水果或香草等自由裝飾後，完成。

雙倍奶油草莓捲

蛋糕捲奢華使用由卡士達醬
和鮮奶油混合製成的卡士達鮮奶油醬。
鬆軟蛋糕、濃純奶油醬和當季草莓，
在口中濕潤擴散。
就用它來慶祝生日或華麗的女兒節，如何？

材料《30×30cm的模型1個》

III 彼士裘伊海綿蛋糕

（製作方法參考20頁）

無鹽奶油 — 32g
蛋黃 — 3個
蛋白 — 80g（2個）
精白砂糖 — 45g
食用色素（紅）— 約5滴
低筋麵粉 — 32g

III 卡士達鮮奶油醬

〔卡士達醬〕

明膠粉 — 2g
冷水 — 10g
香草豆莢 — 1/4支
雞蛋 — 1個
蛋黃 — 1個
精白砂糖 — 40g
低筋麵粉 — 15g
牛乳 — 150g
無鹽奶油 — 15g

〔鮮奶油〕

鮮奶油（35%）— 110g
精白砂糖 — 10g

III 裝飾用

內餡用草莓 — 適量
季節水果 — 適量
香草 — 適量
鮮奶油（35%）— 100g
精白砂糖 — 8g
　（把鮮奶油和精白砂糖混在一起，
　　持續攪拌至勾角挺立的狀態）

Step 1 { 烤彼士裘伊海綿蛋糕

1 利用與20頁相同的步驟烤彼士裘伊海綿蛋糕。使用30×30cm的模型，厚度比草莓夏洛特蛋糕略厚一些。

> **為什麼蛋糕捲要烤厚一點呢？**
> 為了享受更鬆軟的蛋糕口感，所以刻意採用厚烤。另一個原因則是捲的時候，奶油醬比較容易呈現「の」字，視覺上會更漂亮。

Step 2 { 製作卡士達鮮奶油醬

2 首先，製作卡士達醬。把冷水倒進明膠粉裡面攪拌均勻，放進冰箱泡軟備用。

3 用刀子取出香草豆莢內的種籽。

4 把雞蛋、蛋黃放進調理盆充分攪拌，進一步加入精白砂糖充分攪拌。

5 一邊把低筋麵粉篩進 **4** 的調理盆，一邊充分攪拌。

6 把牛乳倒進鍋裡，加入 **3** 取出的香草種籽和豆莢，用小火加熱至快要沸騰的程度。

> **一小撮精白砂糖**
>
>
>
> 這個時候，只要加入一小撮精白砂糖（份量內）加熱，牛乳表面就比較不容易形成薄膜（在下個步驟 **7** 的時候，牛乳和蛋液混合時，薄膜會妨礙作業）。

7

把6加熱的牛乳倒進5的調理盆裡面，快速攪拌。

10

加入2的明膠，充分攪拌，避免結塊。

13

在冷卻卡士達醬的期間，把精白砂糖倒進鮮奶油裡面，將鮮奶油打成七分發。

8

再次把7的材料過濾到鍋子裡面。

11

加入無鹽奶油，充分攪拌。

14

卡士達醬確實冷卻後，倒進調理盆，用橡膠刮刀攪拌，搗碎結塊，分2次加入七分發的鮮奶油，充分攪拌。第1次確實混拌，第2次則輕輕地粗略混拌。

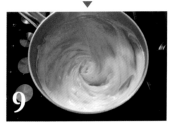

9

從小火改用中火加熱，持續攪拌直到呈現濃稠程度，當鍋底開始冒出蒸氣，產生筋性的時候，就把鍋子從火爐上移開。

製作柔滑的奶油醬
只要再次攪拌產生筋性的奶油醬，就能切斷筋性，使質地變得柔滑。

12

倒進平底容器，用保鮮膜密封。放涼後，約冷藏2小時，確實冷卻直到觸碰時感到冰冷為止。

製作固體奶油醬的理由
因為要搭配大量的水果，為避免蛋糕因為裝飾而塌陷，所以在製作奶油醬的時候加入明膠。卡士達醬容易損壞，所以要盡快消除熱度，放進冰箱。用冰水浸泡也非常有效。

  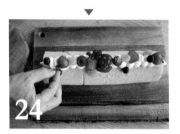

15

Step 1 已經放涼的彼士裘伊海綿蛋糕，把烘焙紙撕掉。

19

把草莓當成蛋糕捲的軸芯，一邊捎緊，往內捲。

23

切掉兩端，把精白砂糖倒進鮮奶油裡面，持續攪拌直到呈現勾角挺立的狀態，就用它來作為裝飾用的鮮奶油，擠在上面。

16

將彼士裘伊海綿蛋糕放在新的烘焙紙上面，翻面。讓 **15** 撕掉烘焙紙的那一面朝下。

20

一邊把烘焙紙捲在擀麵棍上面，一邊捎緊，往內捲。

24

隨意裝飾上季節水果和香草，大功告成。

 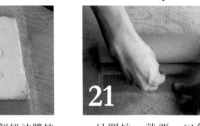

17

把 *Step 2* 製作的卡士達鮮奶油醬抹在彼士裘伊海綿蛋糕上面。為了捲得更漂亮，末端1cm的部分不要抹卡士達鮮奶油醬。

21

一旦開始，就要一口氣捲到最後，中途不要停頓，這便是訣竅所在。只要在開始捲的時候，預先做好軸芯，中央就不會出現空心，就能捲出漂亮的圓。

18

把切除蒂頭的草莓排放在外側。

22

讓蛋糕捲的末端朝下，放進冰箱冷藏30分鐘。

Strawberry cake roll with double cream ────── { spring }

no.04_ *Cheerful fruit tart*

豐盛水果塔

加了杏仁奶油餡的酥脆塔皮和卡士達醬、

水果絕妙搭配的經典食譜。

只要裝飾上大量的當季水果，就能華麗變身，

非常適合用來招待重要來賓或是當成家庭派對上的甜點。

材料《直徑20cm的塔模1個》

▌ 卡士達醬

（製作方法參考25頁）

明膠粉 — 2g

冷水 — 10g

香草豆莢 — 1/4支

雞蛋 — 1個

蛋黃 — 1個

精白砂糖 — 40g

低筋麵粉 — 15g

牛乳 — 150g

無鹽奶油 — 15g

▌ 杏仁奶油餡

無鹽奶油 — 75g

糖粉 — 75g

杏仁粉 — 75g

雞蛋 — 2個

低筋麵粉 — 10g

▌ 酥餅麵團

低筋麵粉 — 110g

杏仁粉 — 12g

糖粉 — 50g

無鹽奶油 — 100g

蛋黃 — 1個

▌ 裝飾用

個人喜愛的水果 — 一個人喜好

香草 — 適量

糖粉 — 適量

準備

▌ 依照25頁的步驟製作卡士達醬，放進冰箱確實冷卻。

▌ 杏仁奶油餡用的奶油軟化至室溫程度。

▌ 酥餅麵團用的無鹽奶油切成骰子狀，放進冰箱確實冷卻備用。

▌ 塔模薄塗奶油（份量外）備用〔**A**〕。

▌ 烤箱預熱160℃（在步驟**20**按下開關尤佳）。

Step 1 { 製作
杏仁奶油餡

1 恢復至室溫的奶油用橡膠刮刀充分攪拌，直到呈現美乃滋狀。

2 加入糖粉，首先用橡膠刮刀充分攪拌，讓奶油和糖粉充分混合。

3 改用攪拌器，充分攪拌直到呈現泛白。最重要的是，一邊打入空氣，直到呈現乳霜狀。也可以使用手持攪拌機。

4 加入杏仁粉，用攪拌器充分攪拌。

5 進一步加入雞蛋，用攪拌器充分攪拌，直到呈現柔滑狀態。

6 一邊篩入低筋麵粉，充分攪拌，直到粉末感消失為止。

7 裝進擠花袋，在冰箱內靜置1小時。

8

把低筋麵粉、杏仁粉和糖粉放進
食物調理機，約攪拌5秒。

12

只要用保鮮膜包起來，用擀麵棍
預先擀壓成薄片，之後就比較容
易擀壓。

16

把擀麵棍放在模型上方滾動，切
除掉多餘的麵團。

9

加入充分冷卻的無鹽奶油，攪拌
直到奶油變得鬆散。

13

麵團充分靜置後，放在撒有手粉
（份量外的低筋麵粉）的砧板上面。

17

再次用手指按壓，使模型側面的
麵團更加平貼。

10

進一步加入蛋黃，攪拌直到整體
呈現顆粒狀。

14

用擀麵棍擀壓成均勻厚度（約
3mm），尺寸要比模型略大一些
（約比直徑多出5cm）。

18

用刀子切掉超出模型的麵團。

11

把**10**倒在砧板上，用手將麵團彙
整成團，用保鮮膜包起來，放進
冰箱冷藏約30分鐘。

15

把麵團覆蓋在模型上方，讓麵團
緊密貼附於底部和側面。只要把
麵團捲在擀麵棍上面，就比較容
易搬動。

19

用叉子在麵團的底部扎出小孔，
在冷凍庫放置約30分鐘。

$Step\ 3$ { 烤塔

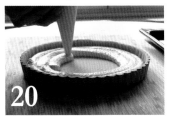

20

這個時候，把烤箱預熱至160℃。以畫圓的方式，把 $Step\ 1$ 的杏仁奶油餡，擠在 $Step\ 2$ 冷凍靜置的麵團裡面。

> **杏仁奶油餡**
> **恢復至室溫備用**
> 剛從冰箱取出的杏仁奶油餡比較硬，不容易擠出。只要在準備使用的30分鐘之前取出，恢復至室溫就可以了。

21

把 **20** 的表面抹平（這個時候，預熱應該也已經完成）。

22

用預熱完成的烤箱烤40～50分鐘。

23

出爐後，放涼。

24

充分冷卻後，脫模。

> **關於烘烤時間**
> 因為是在不進行空燒的狀態下，直接擠上奶油餡，所以烤的時間需要拉長。如果烤的時間太短，就會產生尚未熟透的口感，因此，請確實加熱。只要整體呈現焦黃色，就能烤出外皮酥脆、內餡鬆軟的塔。

$Step\ 4$ { 最後裝飾

25

把預先冷藏備用的卡士達醬裝進擠花袋，在塔的上面擠出山型。

26

準備個人喜歡的水果。

27

依照個人喜好進行裝飾。以尺寸較大的水果作為基底。色彩分配也是重點。

28

依個人喜好，裝飾上香草，在塔的邊緣撒上糖粉，就大功告成了。

no.05_ *Fluffy tiramisu*

鬆軟提拉米蘇

用輕盈、濃郁的蛋黃醬（炸彈麵糊）增添風味，
製作出鬆軟且醇厚、濃郁的提拉米蘇。
讓海綿吸滿濃郁的咖啡，享受大人的成熟韻味。
早春的甜點，獻給夫妻、戀人和親友。

4h 🔲 📱

材料

《12×18cm的容器和杯子2個》

▌ 彼士裘伊海綿蛋糕
（30×40cm的烤盤1個）

蛋黃 — 6個	
精白砂糖ⓐ — 12g	
蛋白 — 160g（4個）	
精白砂糖ⓑ — 84g	
低筋麵粉 — 96g	

▌ 馬斯卡彭起司慕斯

馬斯卡彭起司 — 250g
糖粉 — 60g
鮮奶油（35%）— 300g（七分發）
〔炸彈麵糊〕
精白砂糖 — 35g
水 — 60g
蛋黃 — 3個

▌ 咖啡糖漿

濃咖啡 — 300g
精白砂糖 — 50g

▌ 裝飾用

可可粉 — 適量

準備

▌ 預先把烘焙紙鋪在烤盤上面〔A〕。

▌ 烤箱預熱180℃（在步驟3之前按下開關尤佳）。

▌ 讓馬斯卡彭起司軟化至室溫程度。

▌ 在層疊組合之前，先沖泡濃咖啡，加入精白砂糖充分攪拌，冷卻備用〔B〕。

Step 1 { 製作彼士裘伊海綿蛋糕

1 把精白砂糖ⓐ放進蛋黃裡面，用手持攪拌機攪拌，直到蛋黃呈現泛白、濃稠。

4 一邊把低筋麵粉篩進3裡面，從中心往外側大幅攪拌，直到粉末感完全消失。注意不要攪拌過度，避免擠破氣泡。

2 一邊用手持攪拌機攪拌蛋白，一邊分5次加入精白砂糖ⓑ，製作出帶有筋性和光澤的蛋白霜。

添加精白砂糖的理由

加入精白砂糖後，帶有大氣泡的蛋白霜會變得穩定，氣泡會變得比較細膩。重複添加精白砂糖的動作，就可以製作出帶有光澤和筋性的蛋白霜。

5 把麵糊倒進烤盤裡面，用刮板把整體的表面抹平。

6 用預熱至180℃的烤箱烤12鐘。麵糊抹平後，盡快把烤盤放進烤箱，就是訣竅。

3 烤箱預熱180℃。把2的蛋白霜倒進1的蛋黃裡，從調理盆的中央往外側，以從盆底往上撈的方式大幅攪拌5次。就算蛋白霜和蛋黃沒有攪拌均勻也OK。

7 出爐後，放涼備用。

8

用橡膠刮刀把馬斯卡彭起司攪拌成柔滑狀態，放進糖粉攪拌。

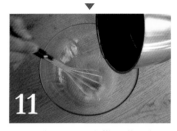

11

用另一個調理盆準備蛋黃，倒入10的糖漿，快速攪拌。

14

把13的材料倒進調理盆，用手持攪拌器持續攪拌，直到呈現泛白、鬆軟狀態。這樣一來，炸彈麵糊就完成了。

9

七分發的鮮奶油分2次加入8裡面混合攪拌。

12

再次把11的材料過濾到鍋子裡面。

15

把14和9的材料混合在一起。

10

製作炸彈麵糊。把水和精白砂糖倒進鍋裡，用小火加熱至咕嘟咕嘟沸騰的狀態。

炸彈麵糊名配角
以蛋黃為基底，鬆軟且濃郁的蛋黃醬稱為炸彈麵糊。經常使用於希望強調蛋糕風味、使口感更顯奢華的時候。

13

用小火加熱，一邊用橡膠刮刀攪拌，持續加熱至82℃。

16

依照容器的尺寸裁切 **7** 的彼士裘
伊海綿蛋糕。

20

在 **19** 的上面撒滿可可粉。

17

把馬斯卡彭起司慕斯放進容器裡
面。

21

把 **17** ～ **20** 的步驟顛倒過來，依
照馬斯卡彭起司慕斯→彼士裘伊
海綿蛋糕→咖啡糖漿→可可粉的
順序進行層疊。

18

進一步重疊上彼士裘伊海綿蛋
糕。

22

最後倒入慕斯，用抹刀將表面抹
平。

19

讓彼士裘伊海綿蛋糕吸滿大量冷
卻備用的咖啡糖漿。

23

最後撒上大量的可可粉，放進冰
箱冷藏2小時，便大功告成。

越過寒冬，太陽的恩賜

比利時的冬季非常漫長。黑暗寒冷的夜晚從10月開始持續，白天也經常是陰天狀態。日出早上八點過後才出現，天色大約16點左右就開始變暗。或許是因為日照時間較短的關係，心情鬱悶的人似乎也很多。每到這個時期，比利時人似乎也有「C'est Belgique（這就是比利時）」的無奈心情。

可是，一旦來到夏至，日出時間變成清晨5點，過了22點之後仍然十分明亮的狀態就會持續到8月份。雖然比利時和日本一樣，同樣也有四季，不過，日照時間的嚴重差異或許正是比利時的特色所在。

不同於酷暑持續好幾天的日本夏季，比利時的夏天幾乎沒有酷暑，幾乎都是沒有溼氣的舒適日子。比利時的一般家庭都沒有冷氣，便是最佳證據。

到了夏季之後，比利時人便會開始傾巢而出，像是為了拋開漫長冬季的鬱悶似的。「不管怎麼樣，就是想走出戶外，曬曬太陽！」這樣的欲望是非常旺盛的。美白意識較高的日本人或許沒辦法相信，但是，對比利時人來說，如何在夏季期間曬出小麥色的肌膚，才是身分地位的象徵。不需要在意曬傷問題，為了接觸更多的陽光，咖啡廳或餐廳的戶外席總是座無虛席。

尤其，夏季的公園風景更是驚人。公園的草皮上總是聚集著滿滿的人潮，多到甚至幾乎讓人感到納悶，「大家之前到底都躲在哪裡？」人們不是躺在草皮上做日光浴，要不然就是讀書，從事各式各樣的活動。打羽毛球或踢足球的人、帶狗散步的人，其中甚至有人穿著十分清涼，讓人誤以為「這裡是沙灘嗎？」每個人都過得十分優閒自在。

對了，甚至我還看過人們攜帶桌椅到公園，享受野餐樂趣。這裡說的桌子並不是野餐用的桌子，而是家裡面陳設的那種華麗家具。第一次看到那種情況時，不禁讓我聯想到《愛麗絲夢遊仙境》裡面的下午茶場景，同時也感到十分驚訝，「沒想到居然能在現實生活中看到這樣的場景」。對於在日本長大的我來說，這樣的光景真的十分新鮮又有趣。

Chapter 2

鮮豔的夏季甜點
{ summer }

即便是夏日疲勞症候群，
吃過之後就能充滿活力的夏季甜點。
能夠感受到日照強烈與夏季感的重要元素。
使用大量甜美且多汁的水果，
享受充滿獎勵感的『甜味』吧！

no.06_ *Mango and chocolate cake*

芒果巧克力蛋糕

持續摸索夏季依然能夠美味品嚐的巧克力水果組合，
最終得到的結論是「巧克力×芒果」的全新方程式。
濃醇的巧克力慕斯和不會太甜的芒果慕斯十分速配。
酥脆的巧克力脆脆則是口感的重點。

⏱ 7h 40min 🧊

材料《直徑15cm的模型1個》

巧克力脆脆
乾果（芒果或木瓜等）— 30g
餅乾（鬆脆的碎餅乾）— 110g
牛奶巧克力 — 140g
椰子油 — 15g

牛奶巧克力慕斯
明膠粉 — 2g
冷水 — 10g
牛奶巧克力 — 50g
黑巧克力 — 10g
鮮奶油（40%）ⓐ — 75g
鮮奶油（40%）ⓑ — 100g
（七分發）

芒果慕斯
明膠粉 — 4g
冷水 — 20g
芒果果泥 — 140g
鮮奶油（40%）— 100g
（七分發）

裝飾用
芒果 — 依個人喜好
其他喜歡的水果 — 適量

準備

▌ 依照模型尺寸裁剪蛋糕膜，嵌合備用［A］。

▌ 若是使用板型巧克力，需事先敲碎備用。

A

Step 1 { 製作
巧克力脆脆

1

把乾果切成略粗的碎粒。

4

把乾果、餅乾和 **3** 的巧克力充分混拌。

2

把餅乾掐成略粗的碎粒。

5

把 **4** 的材料平舖在模型底部。

3

用500W的微波爐加熱牛奶巧克力約30秒，一邊觀察情況，把椰子油倒進融化的牛奶巧克力裡面，充分攪拌。

6

在冰箱內放置20分鐘，冷卻凝固。

> **添加椰子油的原因**
> 單獨使用巧克力的缺點是，冷卻之後，硬度會變得太硬。所以才要添加椰子油，藉此把硬度調整成更容易食用的硬度。因為幾乎感受不到椰子的味道，所以就算是不喜歡椰子味道的人，也請務必試試這個密技。

Step 2 { 製作 牛奶巧克力慕斯

7

把冷水倒進明膠粉裡面攪拌均勻，放進冰箱泡軟備用。

9

用500W的微波爐加熱鮮奶油❶，加熱至隱約冒出熱氣的溫度，分2次倒進 **8** 裡面，充分攪拌，讓材料乳化。

12

把 **11** 倒在 **6** 的上面，抹平表面。

8

把牛奶巧克力和黑巧克力放進耐熱容器，用500W的微波爐加熱約20秒，讓巧克力慢慢融化。

10

用500W的微波爐加熱 **7** 的明膠約20秒，融化之後，倒進 **9** 裡面充分攪拌，冷卻至30℃備用。

13

冷卻凝固。標準約冷藏3小時。或是冷凍約1小時。

巧克力的融化方法

如果加熱太久，巧克力就會焦黑，所以500W的微波爐要以每次30秒為標準，一邊觀察狀態，一邊加熱，讓巧克力慢慢融化。大約融化2/3之後，剩下的部分可以利用餘熱攪拌融化，這便是製作出柔滑口感的訣竅。

11

把鮮奶油❷製成七分發，和冷卻至30℃的 **10** 混合攪拌。

$Step\ 3$ { 製作
芒果慕斯

$Step\ 4$ { 最後裝飾

14

把冷水倒進明膠粉裡面攪拌均匀,放進冰箱泡軟備用。

18

拿掉**13**的圓形圈模。

21

把蛋糕膜拿掉。

15

用500W的微波爐加熱芒果果泥約20秒,冷卻至30℃。

19

把**17**的材料倒在牛奶巧克力慕斯的上面,抹平表面。

22

將芒果切成一口大小。

16

用500W的微波爐加熱**14**的明膠約20秒,融化之後,倒進**15**裡面充分攪拌。

20

冷卻凝固。標準約冷藏3小時。或是冷凍約1小時。

23

在蛋糕上面排成圓形,自由地進行裝飾。

17

把七分發的鮮奶油和**16**的材料混合攪拌。

24

完成。切開後,剖面呈現漂亮的三層。

no.07_ *Orange and yogurt cake*

柳橙優格蛋糕

即便是夏日疲勞症候群，
吃過之後就能充滿活力，涼爽入口的清爽蛋糕。
用橙皮來增添風味（提味），
可直接享受柑橘類的爽快香氣。
視覺上也充滿涼爽氣息的蛋糕。

材料《直徑15cm的模型1個》

||| 脆皮巧克力

餅乾（鬆脆的碎餅乾等）— 100g

白巧克力 — 100g

椰子油 — 10g

||| 柳橙優格慕斯

明膠粉 — 8g

冷水 — 40g

柳橙皮 — 1/2顆

柳橙 — 2顆

（把果肉和果汁合併在一起，使用 240g。不夠的話，就用100%的 果汁補足）

蛋黃 — 3個

精白砂糖 — 45g

鮮奶油（35%）— 150g

（七分發）

無糖優格 — 80g

||| 柳橙果凍

明膠粉 — 5g

冷水 — 25g

100%柳橙汁 — 180g

精白砂糖 — 20g

||| 裝飾用

柳橙 — 適量

個人喜歡的水果或香草 — 適量

準備

▎ 預先把蛋糕膜嵌合在模型裡面 ［A］。

▎ 因為柳橙皮也要使用，所以建 議使用有機的種類。

▎ 若是使用板型巧克力，需事先 敲碎備用。

A

Step 1 { 製作 脆皮巧克力

1

把餅乾掐碎，放進調理盆。

2

用500W的微波爐加熱牛奶巧克 力，每次約加熱20秒，加熱數 次，讓巧克力慢慢融化。融化一 半之後，放置約5分鐘後再攪拌， 利用餘熱讓巧克力徹底融化。

3

把椰子油倒進 2 裡面，充分攪 拌。

4

把 1 的餅乾放進 3 裡面，充分攪 拌。

5

把 4 的材料倒進模型裡面，確實 鋪滿，放進冰箱裡面冷藏20分 鐘。為避免慕斯洩漏，要盡量填 滿，避免產生縫隙。

6

把冷水倒進明膠粉裡面攪拌均勻，放進冰箱泡軟備用。

10

用小火加熱**9**，偶爾攪拌一下，烹煮至咕嘟咕嘟的沸騰程度。

14

把**6**的明膠倒進**13**的鍋裡，充分攪拌，放涼備用。

7

把柳橙皮磨碎到鍋裡。

11

把蛋黃和精白砂糖放進另一個調理盆，充分攪拌。

15

把鮮奶油製成七分發，進一步加入無糖優格。

8

剝掉柳橙皮，把果肉從囊袋中取出。因為果汁部分也要使用，所以剩餘的部分不要丟棄，直接放進鍋裡備用。

12

首先，加入少量的**10**攪拌，為避免蛋黃凝固，倒入的時候要一邊攪拌。剩餘部分也要一邊攪拌倒入。

16

用攪拌器充分攪拌。

9

把柳橙切成細碎後，放進鍋裡，秤重，如果重量未滿240g，就用100%柳橙汁補足。

13

把**12**倒回鍋裡，再次開火加熱。用橡膠刮刀充分攪拌，加熱至82℃後，把鍋子從火爐上移開。

17

14的材料冷卻至25℃後，和**16**的材料合併，充分混合。

Step 3 { 製作 柳橙果凍

18

持續攪拌至柔滑狀態。

20

把冷水倒進明膠粉裡面攪拌均勻，放進冰箱泡軟備用。

24

把 **19** 的蛋糕從模型中取出，排上切好的柳橙片。模型沾到巧克力，導致不容易脫模的時候，只要用刀子稍微劃切，就能輕易卸除。

19

把 **18** 倒在 Step 1 的脆皮巧克力上面，冷卻凝固。標準約冷藏4小時。或是冷凍約1小時。

21

把精白砂糖放進柳橙汁裡面充分攪拌，用500W的微波爐加熱約30秒，使精白砂糖融化。

25

慢慢倒入 **22** 的柳橙果凍，冷卻凝固。標準約冷藏2小時。或是冷凍約30分鐘。

22

用500W的微波爐加熱 **20** 的明膠約20秒，融化之後，倒入 **21** 的材料，充分攪拌。

26

果凍凝固後，拿掉蛋糕膜。

Step 4 { 最後加工

23

把裝飾用的柳橙切成薄片。

27

最後再裝飾上個人喜歡的水果或香草，大功告成。

哈密瓜奶油蛋糕

使用當季哈密瓜的奶油蛋糕

是讓人感受到初夏的絕佳甜點。

比利時通常都是使用安達斯密瓜（Andes Melon），

不過，也可以使用日本常見的哈密瓜（Muskmelon）。

材料《直徑18cm的模型1個》

海綿蛋糕
- 雞蛋 — 3個
- 蛋黃 — 1個
- 精白砂糖 — 90g
- 無鹽奶油 — 20g
- 牛乳 — 20g
- 鮮奶油（35%）— 10g
- 水飴 — 10g
- 低筋麵粉 — 90g

裝飾用
- 鮮奶油（35%）— 500g
- 精白砂糖 — 35g
- 哈密瓜 — 適量
- 香草 — 適量
- 個人喜歡的水果 — 適量

準備

哈密瓜切成3～4cm丁塊，容易食用的大小［A］。

依照模型剪裁烘焙紙，預先鋪在模型底部［B］。

烤箱預熱170℃（在步驟5的時候按下開關尤佳）。

煮沸60℃的熱水備用。

Step 1 { 製作 海綿蛋糕 }

1

把雞蛋、蛋黃放進調理盆，用攪拌器充分攪拌，進一步加入精白砂糖混合攪拌。

2

把60℃的熱水倒進另一個調理盆，將1的調理盆隔水加熱，一邊充分攪拌。蛋液的溫度下降至40℃之後，把隔水加熱用的熱水移開。

3

直接用2的熱水，隔水加熱裝有無鹽奶油、鮮奶油和牛乳的調理盆，使奶油融化。

4

把水飴倒進2的調理盆裡面，用手持攪拌機攪拌，直到麵糊滴落，痕跡3秒內就會消失的程度。剛開始先用高速攪拌，打發後，改用低速攪拌2分鐘左右，調整質地。

5

這個時候，將烤箱預熱170℃。一邊把低筋麵粉過篩到調理盆裡面，一邊從調理盆的底部大幅混拌，避免擠壓到氣泡。

6

把5的少量麵糊加入3的調理盆裡面，充分攪拌。提高與麵糊之間的契合度，氣泡就不容易擠破。

7

混合後，倒回調理盆，以畫圓方式從底部往上大幅撈取攪拌10次左右。加入奶油後，氣泡會慢慢漸少，所以要避免接觸過多。

8

把麵糊倒進模型裡面，用170℃的烤箱烤30分鐘。

9

插入竹籤，只要竹籤上面沒有沾到麵糊，就代表烘烤完成。大約從高度10cm的位置，把模型往下摔，排出內部的熱氣，顛倒放置在鐵網上，冷卻備用。

$\mathcal{S}tep\ 2$ { 打發鮮奶油

10

把精白砂糖倒進鮮奶油裡面，用手持攪拌機打發至七成發左右。

避免鮮奶油變乾的技巧

有時候，鮮奶油在裝飾之後會逐漸變乾。避免發生這種情況的重點就是，預先取少量的七分發鮮奶油到另一個容器。當鮮奶油呈現乾巴的時候，只要再加上些許預先備存的鮮奶油混拌，就可以讓柔滑的鮮奶油復活。不過，如果乾巴的情況太過嚴重，還是會有無法恢復的情況，需多加注意！

在感覺鮮奶油有點鬆軟的時候停手，就是最完成的狀態。

$\mathcal{S}tep\ 3$ { 組合蛋糕

11

削切海綿蛋糕的底部，使表面呈現平整。

12

用竹籤在海綿蛋糕上標出參考線，削切出均等厚度。

13

用攪拌器打發七分發的鮮奶油，直到勾角挺立的狀態。

14

將鮮奶油塗抹在海綿蛋糕上面。關鍵就是避免讓鮮奶油超出海綿蛋糕。

15

用廚房紙巾擦掉哈密瓜的水氣，將其排列在上方。

16

距離外側約1cm的外圍部分留空，就是完美包覆哈密瓜夾心的重點。

17

把鮮奶油塗抹在哈密瓜的上方。

18

放上海綿蛋糕，輕輕壓平。

Step 4 { 裝飾

19

用橡膠刮刀撈3坨鮮奶油，放置在18的蛋糕上面。

23

把沾到底部的多餘鮮奶油抹掉。

20

把蛋糕放置在旋轉台或盤子上，一邊轉動，一邊塗抹鮮奶油。水平握持抹刀，讓塗抹在海綿蛋糕上面的鮮奶油厚度維持均勻。

24

把鮮奶油裝進擠花袋。這個時候，如果鮮奶油變乾，就混入預先留存備用的七分發鮮奶油，調整硬度。

21

剛開始側面先粗略地厚塗1圈，接著一邊轉動旋轉台（或盤子），一邊調整厚度的均勻度。

25

自由擠上鮮奶油，進行裝飾。

22

側面塗抹之後，上方會溢出多餘的鮮奶油，要用抹刀從外側往內側平抹，抹掉多餘的鮮奶油，修整表面。

26

裝飾上哈密瓜和香草、個人喜歡的水果，大功告成。

no.09_ *Peach compote jelly*

糖漬白桃果凍

就算買到不怎麼甜的白桃，
仍然可以讓白桃變得美味且多汁的神之食譜。
果凍的精緻調味充滿豐潤的白桃香氣和白葡萄酒的香氣。
也建議利用洋梨等水果加以改良。

材料《6個》

▌▌▌ 糖漬白桃
  精白砂糖 — 220g
  水 — 630g
  白桃 — 3顆
  白葡萄酒 — 100g
  檸檬 — 1/2顆
▌▌▌ 白桃果凍
  明膠粉 — 14g
  冷水 — 70g
  白桃糖漿 — 800g

準備

▌ 盡量使用成熟的白桃。如果還不夠成熟，只要在室溫下靜置2～3天就可以。

Step 1 { 製作
糖漬白桃 }

製作糖漿。把水和精白砂糖放進鍋裡加熱。加熱的同時要偶爾攪拌，讓精白砂糖徹底溶化，避免結塊。

把白桃切成對半，去除種籽，剝除外皮。

1的精白砂糖溶化，開始咕嘟咕嘟沸騰後，把白桃放進鍋裡。白桃容易變色，所以要配合糖漿煮好的時機，盡快放進鍋裡，避免閒置太久。

倒入白葡萄酒。

擠入檸檬汁，擠完檸檬汁的檸檬也要丟進鍋裡。

調色用的桃皮也要丟入一起烹煮。讓汁液變成漂亮的粉紅色。

日本白桃和歐洲白桃
日本白桃和歐洲白桃的顏色不同。歐洲白桃呈現深粉紅色，日本白桃則是淺粉紅色。喜歡較深顏色的人，只要挑選深色的白桃就可以了。

為避免表面的白桃變乾，要讓保鮮膜或薄膜緊密貼附，用小火烹煮約1小時（這次使用的是耐熱保鮮膜，不過，也可以用鋁箔或廚房紙巾取代）。

取出檸檬和桃皮，把白桃倒進調理盆。熱度消退後，覆蓋上保鮮膜，在冰箱裡面靜置1天，讓味道確實滲透。

$\mathcal{S}tep\ 2$ { 製作 白桃果凍

$\mathcal{S}tep\ 3$ { 最後加工

9

把冷水倒進明膠粉裡面攪拌均勻，放進冰箱泡軟備用。

13

把糖漬白桃放進個人喜愛的杯子裡面。

16

凝固後，用叉子把剩餘的果凍搗碎。

10

把 8 的糖漬白桃放在廚房紙巾上面，預先瀝乾水分。

14

把 12 的白桃果凍倒進杯裡。

17

最後，把搗碎的果凍鋪在上方。再裝飾上香草，就大功告成。

11

把廚房紙巾鋪在過濾器裡面，過濾 10 的白桃糖漿。

15

放進冰箱冷卻凝固約4小時。剩餘的果凍要用來作為裝飾之用，所以要放進平底容器裡面，同樣放進冰箱冷卻凝固。

12

用500W的微波爐加熱 9 的明膠約30秒，一邊觀察狀態，將明膠加熱融化。把少許的白桃糖漿倒進明膠裡面，充分攪拌後，再倒回白桃糖漿裡面。

避免結塊的訣竅

如果一口氣把明膠倒進冰冷的白桃糖漿裡面，明膠可能因為快速冷卻而結塊。首先，把少量的白桃糖漿倒進明膠裡面，然後再和整體一起攪拌，就能完美混合。

no.10_ *Lemon and honey pound cake*

檸檬蜂蜜磅蛋糕

比利時人非常喜歡檸檬蛋糕。
這次的磅蛋糕使用了大量的蜂蜜，
同時再吸收大量的檸檬糖漿，
製作出濕潤、濃醇卻又清爽的風味。

材料《19×9cm的磅蛋糕模型1個》

||| 磅蛋糕

無鹽奶油 — 125g

精白砂糖 — 90g

雞蛋 — 2個

蜂蜜 — 65g

低筋麵粉 — 125g

泡打粉 — 3.5g

||| 檸檬糖漿

檸檬皮 — 1顆

檸檬汁 — 20g

精白砂糖 — 100g

水 — 130g

蜂蜜 — 25g

||| 檸檬糖霜

糖粉 — 30g

檸檬汁 — 5g

準備

▌ 為了出爐之後更容易脫模，模型上面要塗抹奶油（份量外），撒上低筋麵粉（份量外），同時把沒有附著在表面的多餘麵粉抖落（篩撒低筋麵粉，讓奶油穩定附著。如果只有塗抹奶油，有些蛋糕種類也會出現無法脫模的情況，只要預先撒上低筋麵粉，不論是哪種模型，都可以確實脫模）[A][B]。

▌ 磅蛋糕使用的奶油軟化至室溫程度，直到硬度呈現用橡膠刮刀可輕鬆搗碎的程度。

▌ 雞蛋預先恢復至室溫程度（如果太冰冷，容易和奶油分離）。

▌ 烤箱預熱160℃（在步驟**5**之前按下開關尤佳）。

▌ 檸檬皮也要使用，所以建議使用有機的種類。

A　B

Step 1 { 製作磅蛋糕

1 用橡膠刮刀搗碎無鹽奶油，直到呈現柔滑狀態。

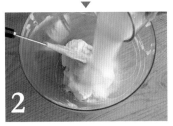

2 倒入精白砂糖，用攪拌器攪拌，直到呈現泛白乳霜狀。

打入空氣

確實把空氣打進奶油裡面，持續打發直到呈現乳霜狀，就能更容易和雞蛋融合，不容易分離。持續攪拌可能手會很酸，所以也可以使用手持攪拌器。

3 把雞蛋打在另一個調理盆，充分攪拌。

4 把**3**的雞蛋分成5次倒入**2**的調理盆裡面，每次加入都要用攪拌器充分攪拌，避免產生分離現象。

不失敗的小動作

如果在分離狀態下繼續進行作業，就算按照時間放進烤箱裡面烤，還是可能出現中央熟透或局部不熟的情況，所以要多加注意，確實攪拌吧！

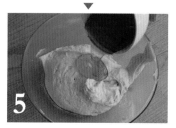

5

在進入步驟5之前，把烤箱預熱
至160℃。把蜂蜜倒進4的調理盆
裡面，充分攪拌。

9

用預熱160℃的烤箱烤50分鐘。

檸檬糖漿的時機
利用烤磅蛋糕的期間，製作*Step 2*的
檸檬糖漿吧！糖漿完成的時候，磅
蛋糕也正好出爐，便是最理想的時
機。

11

檸檬把皮削掉，擠出檸檬汁（20g
的檸檬汁用來做檸檬糖漿，5g用來製作
糖霜）。

6

把低筋麵粉和泡打粉過篩到5的
調理盆裡面。

12

把所有檸檬糖漿的材料放進鍋
裡，用中火烹煮至咕嘟咕嘟的沸
騰程度。

7

以切割的方式粗略攪拌。

10

把竹籤刺進出爐的蛋糕裡面，確
認是否確實烤熟。只要沒有麵糊
沾黏就OK。

13

把糖漿烹煮的檸檬皮切碎作為裝
飾用。只要使用檸檬皮，就能製
作出帶有清爽香氣的糖漿。

8

把麵糊倒進模型。

14 趁磅蛋糕還溫熱的時候，拍打上大量的溫熱糖漿。如果等到磅蛋糕冷卻再拍打糖漿的話，糖漿只會沾黏在外圍，口感就會變得濕黏，所以要多加注意。

16 製作糖霜。充分攪拌，避免糖粉和檸檬汁結塊。檸檬汁如果加入太多，就會變得太稀，要多加注意。

15 糖漿吸收後，放涼備用。

17 把糖霜抹在磅蛋糕上面。

個人喜歡的磅蛋糕

剛出爐的磅蛋糕，外面酥脆、裡面濕潤。如果喜歡濕潤口感的話，建議先把磅蛋糕放涼，然後再用保鮮膜把磅蛋糕包起來，放進冰箱冷藏1天。請大家試著找尋自己喜歡的口味吧！

18 最後再裝飾上檸檬皮就大功告成。

如果有多餘的檸檬糖漿，可以用氣泡水稀釋，製作成美味的檸檬汽水。也建議加上製作糖霜時所多出來的檸檬汁。

狂野且觸手可及的比利時水果

口渴的時候、肚子有點餓的時候，日本的各位會吃些什麼呢？我想大部分的比利時人都會回答「水果！」因為對比利時人來說，水果比日本更觸手可及，同時每天都可以輕鬆享用。

比利時的水果不僅價格便宜，販售的種類也相當豐富。基本上，店鋪裡面總會堆滿大量的當季水果，消費者隨時可以盡情挑選、購買。覆盆子、紅醋栗、青梅李（綠色的李子）、白桃、黃桃和蟠桃、小香瓜、櫻桃、葡萄、杏仁、洋梨……。多虧太陽的恩惠，每顆水果都十分水嫩且鮮甜。我來歐洲的時候，第一次看到的水果也是這麼多。

不知道是不是因為需求量比較大的關係，超市或大賣場所販售的量也十分驚人。而且形狀也非常漂亮、一致，和仔細包裝的日本水果相比，比利時的水果或許比較狂野一點。

我剛來歐洲不久的時候，曾經在公車上看到一個女高中生，從書包裡面拿出蘋果，用自己的衣袖擦了擦，就直接整顆咬著吃。這是我在日本從未看過的光景，「哇喔～好狂野的女孩子啊～」當下，我的想法是這樣的，不過，這樣的光景對現在的我來說卻已經是司空見慣。街上有許多拿著水果走的人，尤其蘋果更是比利時人的經典點心。當然，他們都是直接帶皮吃。以前，當我用水果刀切蘋果的時候，就曾被比利時人說，「蘋果就應該整顆咬啦～」那樣的文化衝擊至今仍令我印象深刻。

在日本的時候，我從來不會買水果給自己。以前曾經看過「年輕人逐漸遠離蔬果」這樣的新聞報導，當下就覺得那篇新聞根本就是在講我。直到最近我終於了解比利時人一手抓著水果，一邊工作的心情……。

來比利時旅行的時候，請大家務必到販售大量美味水果的大賣場看看。只要試著把整顆蘋果拿起來咬，或許就能看到不同於日本的狂野美味。

Chapter 3

濃厚的秋季甜點
{ autumn }

氣候逐漸變得涼爽的秋天，
同時也是令人想品嘗甜點的季節。
享受別具深度的豐富、濃郁甜點，
開始為秋季做好準備。
感受濃醇、成熟的甜蜜時刻。

no,11_ *Waffle Liège style*

比利時
列日鬆餅

外酥內軟Q的鬆餅。
因為添加了大量奶油，所以必須習慣用手揉捏的動作，
不過，出爐後格外地美味。
添加了酥脆的珍珠糖，
敬請享受正統的比利時風味。

1h 50min 🍳

材料《1個（65g）×8個》
牛乳 — 65g
水飴 — 20g
精白砂糖 **ⓐ** — 3g
乾酵母 — 2.5g
高筋麵粉 — 220g
鹽巴 — 1撮
精白砂糖 **ⓑ** — 18g
雞蛋 — 1個
手粉（低筋麵粉）— 適量
無鹽奶油 — 60g
珍珠糖（鬆餅糖）— 120

準備
▍ 無鹽奶油軟化至室溫程度（夏天則不需要）。

2
在另一個調理盆放入高筋麵粉、鹽巴、精白砂糖 **ⓑ**。

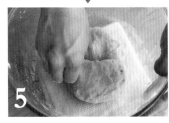

5
4的材料混拌成團到某程度後，用手揉捏約3分鐘。

3
把充分打散的蛋液和1的材料倒進2的調理盆。

6
把麵團放在砧板上，首先，用撕開的方式充分揉捏。如果會沾黏的話，就撒點手粉。

4
用刮刀輕輕混拌，直到材料成團。

> **攪拌的重點**
> 只要使用刮刀，就可以在攪拌的同時，把沾黏在調理盆上的麵糊一併刮下，十分便利。如果用手混拌，麵糊會沾黏在手指上面，因此，用刮刀混拌的作法比較利於作業。

7
麵團成團之後，以將後半部搓圓的方式進行揉捏。像是從前面往後滾動那樣，大約揉捏10分鐘，確實揉捏出麩質。

> **持續揉捏後……**
> 持續揉捏之後，麵團會越來越有光澤且富有彈性。

Step 1 { **製作麵團** }

1
把牛乳、水飴、精白砂糖 **ⓐ** 放進調理盆，用500W的微波爐加熱10秒，使溫度達到40℃為止。再進一步加入乾酵母，稍微攪拌，約放置5分鐘。

8

無鹽奶油軟化至用手輕壓就會出現壓痕的室溫程度，然後放進**7**的麵糊裡面。如果是夏天的話，奶油很快就會融化，所以從冰箱內取出就可以直接使用。

9

揉捏**8**的麵糊。在奶油確實融入麵團之前，手感會十分黏膩，所以要撒點手粉，一邊使用刮刀撈取，一邊彙整成團。注意不要耗費太多時間。

10

反覆揉捏之後，奶油會慢慢融進麵團裡面。手掌的熱度會再次將奶油融出，所以要在油滲出之前停止揉捏。

11

麵團彙整成團之後，加入珍珠糖揉捏。

12

如果感覺有點黏膩的話，可以撒點手粉。加入珍珠糖之後，麵團就會結成一團，所以在步驟**9～10**的期間，就算手感有點黏膩也沒關係。

13

將麵團分成8等分（1個約65g），搓成圓形。

14

讓麵團在35℃下發酵1小時，直到膨脹一圈的程度。

發酵的密技
擔心太乾燥的話，可以用噴槍噴點水霧。夏天只要放在溫暖的場所就OK。冬天則可以利用烤箱的發酵功能，如果烤箱沒有發酵功能，只要在烤箱裡面放幾杯熱水，同樣也可以進行發酵。採用這種方式的時候，要注意避免讓麵團接觸到蒸氣。溫度如果太高，奶油就會融出。

15

麵團發酵膨脹後，就可以烤鬆餅了。

烤前注意事項

把鬆餅機的火力開到最大，預先加熱吧！另外，在開始烤之前，先在烤盤上面薄塗一層油也是關鍵。為防止麵團太乾，烤之前可以先用保鮮膜把麵團蓋起來。

16

平均每個約烤2分鐘30秒，大功告成（鬆餅機的火力會因廠牌而有不同，所以要自行調整）。

比利時的兩種鬆餅
布魯塞爾鬆餅和列日鬆餅

其實，比利時有2種鬆餅。一是名稱源自於比利時首都布魯塞爾的布魯塞爾鬆餅（Bruxelles waffle）。布魯塞爾鬆餅的形狀呈現長方形，有著鬆軟的輕盈口感。麵團本身幾乎沒有甜味，主要是搭配糖粉或巧克力、鮮奶油、藍莓類的果醬、冰淇淋等頂飾一起品嚐。

比利時的家庭幾乎都是製作這種布魯塞爾鬆餅，只要去一趟超市，就可以買到能夠簡單製作鬆餅的鬆餅粉。因為比較不甜，所以也可以依照個人喜好，把沙拉、鮭魚、火腿等食材當成頂飾，將鬆餅改良成餐點。

另一個是源自瓦隆大區的最大省列日的列日鬆餅（Liege Waffle）。

日本當地，大家所熟知的Manneken、便利超商等最常見到的鬆餅便是這種列日鬆餅。橢圓形的Q彈麵團裡面加了耐熱的珍珠糖，可以享受到酥脆口感。左頁的食譜也有介紹列日鬆餅的製作方法，其實製作方法和麵包相近，剛出爐的時候，外面硬脆，裡面則是鬆軟、Q彈，十分美味。就算沒有頂飾，直接品嚐也能夠十分滿足。

另外，列日鬆餅經常以行動餐車的形式進行販售。因為單手就可以抓著吃，所以最適合邊走邊吃。星期天的公園或接近放學時間的幼稚園前面，經常可以看到不知道從哪裡冒出來的鬆餅行動餐車……。周邊總是飄散著令人難以抗拒的鬆餅香味，同時還能看到一手抓著鬆餅，雀躍邁步的可愛孩童。

比利時的超市裡面，也可以買到在大袋子裡面裝滿列日鬆餅，宛如組合包那樣的商品，因為保存期限比較長，所以我總是把它當成回日本時的紀念品。我從以前就比較偏愛列日鬆餅，不過，最近我開始發現布魯塞爾鬆餅的美味之處，偶爾就會想吃一下。大家來比利時觀光的時候，請務必在當地品嚐一下兩種不同風格的鬆餅。

no.12_ *Merveilleux*

蛋白霜蛋糕

在自己家裡也能輕鬆
製作比利時傳統的蛋白霜蛋糕。
這裡構思了原味、抹茶和覆盆子3種口味。
請務必享受「酥脆」、「黏稠」、「鬆軟」3種風味。

材料《直徑6cm×約9個》

▐▐▐ 蛋白霜
蛋白 — 80g（2個）
精白砂糖 — 80g
糖粉 — 80g

▐▐▐ 3種鮮奶油
鮮奶油（35%）ⓐ — 400g
精白砂糖 — 28g
（將上述份量製成七分發，
抹茶鮮奶油和覆盆子鮮奶油分別
使用120g，剩餘部分則用於原味）

〔抹茶鮮奶油〕
抹茶 — 4g
精白砂糖 — 4g
鮮奶油（35%）ⓑ — 25g
七分發的鮮奶油 — 120g

〔覆盆子鮮奶油〕
覆盆子果醬（也可以使用草莓醬）
— 35g
七分發的鮮奶油 — 120g

▐▐▐ 包覆用的巧克力
黑巧克力（片）— 1片
白巧克力（片）— 1片
紅寶石巧克力（片）— 1片

▐▐▐ 裝飾用
覆盆子或香草 — 適量
抹茶粉 — 適量
裝飾用巧克力 — 適量

準備

▌ 在烘焙紙上面畫出希望製作的
直徑大小。這樣就能製作出大小
一致的蛋白霜［A］（這次要製作9
個，所以要畫18個圓）。

▌ 預先把花嘴（直徑14mm）裝在擠
花袋上面。

▌ 烤箱預熱100℃（在步驟3的時候
按下開關尤佳）。

▌ 裝飾用的巧克力搗碎備用。

A

$\mathcal{S}tep\ 1$ ｛ 製作蛋白霜

1

把精白砂糖分5次加入蛋白裡面，
用手持攪拌機攪拌，製作成勾角
挺立、質地細緻的蛋白霜。

2

就如照片所示，關鍵就是製作成
帶有勾角和筋性的蛋白霜。

3

糖粉過篩，倒進2裡面，粗略混
合攪拌。這個作業完成後，將烤
箱預熱至100℃。

4

把烘焙紙鋪在烤盤裡面，讓畫有
圓圈的那一面朝下。在烤盤的四
個角落和正中央擠上少許蛋白
霜，用蛋白霜來作為黏著劑，藉
此避免烘焙紙移位。

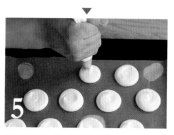

5

按照預先畫好的圓圈，把蛋白霜
擠在圓圈上面，厚度盡量薄一
點，這樣蛋白霜比較快乾，就能
縮短時間。

6

用預熱100℃的烤箱烤2小時。烤
的時間會因為蛋白霜的厚度而改
變，所以要一邊觀察，調整烤的
時間，直到中央呈現酥脆程度。

烘烤時間
如果希望烤好的蛋白霜呈現原本擠
出的顏色和形狀，就用80℃設定成
4～5小時吧！用100℃烤2小時的
話，可以更快速地出爐，不過，蛋
白霜會稍微帶點顏色。

7

把精白砂糖倒進鮮奶油 ⓐ 裡面，製作成七分發。120g用來製作抹茶鮮奶油，120g用來製作覆盆子鮮奶油，剩餘部分就給原味使用。

11

用攪拌器把剩餘的七分發鮮奶油打發成硬挺程度。

14

用攪拌器把剩餘的七分發鮮奶油打發成硬挺程度。

8

〔抹茶鮮奶油〕
把過篩的抹茶粉和精白砂糖充分混拌。

12

把 **10** 和 **11** 充分混合。

15

把 **13** 和 **14** 充分混合攪拌。

硬挺的鮮奶油

如果鮮奶油太稀鬆的話，就用攪拌器充分攪拌，預先製作成硬挺的鮮奶油吧！製作成硬挺程度，蛋白霜就更容易層疊。

9

把鮮奶油 ⓑ 分3次加入 **8** 裡面，充分攪拌，避免結塊。

10

7 的七分發鮮奶油使用120g。首先，把少量倒進 **9**，充分攪拌。

13

〔覆盆子鮮奶油〕
7 的七分發鮮奶油使用120g。首先，把少量倒進覆盆子果醬裡面，充分攪拌。

16

〔原味〕

把*Step 1*冷卻的蛋白霜排放在工作台。用攪拌器把**7**的鮮奶油確實打發成硬挺程度。

20

把鮮奶油擠在**19**的上面。

24

〔覆盆子〕

利用與原味、抹茶相同的方式，用蛋白霜把覆盆子鮮奶油夾在中間，修整外圍的形狀後，再沾黏上紅寶石巧克力。

17

把**16**的鮮奶油擠在蛋白霜上面，然後再把蛋白霜層疊在鮮奶油上面。

21

最後再撒上搗碎的黑巧克力。

25

把覆盆子鮮奶油擠在**24**的上面，撒上搗碎的紅寶石巧克力。如果沒有紅寶石巧克力，也可以改用白巧克力。

18

用抹刀把外圍抹平。

22

〔抹茶〕

利用與原味相同的方式，把抹茶鮮奶油夾在中間，把外圍的形狀抹平，然後再沾黏上白巧克力。

26

最後，依個人喜好，撒上抹茶粉，或裝飾上覆盆子、香草、巧克力等。

19

讓搗碎的黑巧克力片沾黏在**18**的外圍。

23

把抹茶鮮奶油擠在**22**的上方，再撒上搗碎的白巧克力。

蛋白霜蛋糕的故事
法語代表美好（Merveilleux）之意的知名甜點

蛋白霜蛋糕（Merveilleux）是比利時的傳統甜點之一（據說是比利時和北法國的國境尚未劃分的時期，在該地區發源的甜點。因此，到底是源自比利時？還是源自法國？仍然十分曖昧）。

在法語當中，Merveilleux（蛋白霜蛋糕）是美好的意思。由鬆脆蛋白霜和鮮奶油、巧克力碎組成的蛋白霜蛋糕，雖然組成簡單，卻能夠同時品嚐到鬆脆和蓬鬆的口感，的確是名副其實的完美甜點。

剛出爐的蛋白霜口感酥脆、齒頰留香，不過，製作完成，稍微靜置一段時間，讓蛋白霜和鮮奶油混合成一體後，就能產生鬆軟的獨特口感。我第一次吃的時候，因為不知道裡面的結構是什麼，所以當我知道它只有用蛋白霜把鮮奶油夾起來的時候，真的感到十分驚訝。

其實我自己和蛋白霜蛋糕有著十分深厚的淵源。那是我來比利時第二年的時候。當時我參加了號稱能夠讓新手甜點師一舉成名的比賽，結果以日本人的身分贏得首次優勝，那場比賽的其中一個題目是，「在限制時間內完成現代風的蛋白霜蛋糕」。我記得當時我剛到比利時沒有多久，也不了解蛋白霜蛋糕是什麼樣的甜點，所以花了不少的時間研究。在我的比利時甜點師人生當中，蛋白霜蛋糕是最令我印象深刻的甜點之一。

比利時人對蛋白霜蛋糕的喜愛是無庸置疑的，因此，許多甜點店、咖啡廳、超市的甜點專櫃都可以看到蛋白霜蛋糕的販售，足見蛋白霜蛋糕在當地受歡迎的程度。

這次，本書除了介紹傳統的蛋白霜蛋糕之外，同時也構思了抹茶和覆盆子，共3種可以自己在家裡簡單製作的食譜。為了配合大家的口味，同時也考量到與甜味蛋白霜之間的契合度，這次稍微調整了鮮奶油的甜度，同時尺寸也稍微縮小了一些，所以排放在一起的模樣，顯得可愛度倍增。順道一提，比利時銷售的蛋白霜蛋糕比較大尺寸，對日本人來說，如果沒有搭配黑咖啡的話，直接一整塊品嚐，恐怕會有點吃不消（笑）。

no.13_ *Secret mille crêpe*

抹茶千層蛋糕

重新回顧觀看次數超過200萬次的熱門食譜，
重新改良後，變得更容易製作且不容易失敗。
使用卡士達醬和白巧克力的濃郁抹茶鮮奶油是
甜點師格外執著的鮮奶油。

材料《直徑15cm的模型1個》

▐▐▐ 卡士達醬

牛乳 — 150g

香草豆莢 — 1/4支

雞蛋 — 1個

蛋黃 — 1個

精白砂糖 — 40g

低筋麵粉 — 15g

無鹽奶油 — 15g

▐▐▐ 可麗餅麵糊（約15片）

雞蛋 — 4個

低筋麵粉 — 75g

精白砂糖 — 12g

鹽巴 — 1撮

牛乳 — 200g

鮮奶油（35%）— 20g

▐▐▐ 抹茶鮮奶油

白巧克力 — 200g

抹茶 — 12g

鮮奶油（35%）ⓐ — 200g

鮮奶油（35%）ⓑ — 200g

（七分發）

▐▐▐ 裝飾

黑巧克力（可可50～60%）
— 180g

椰子油 — 60g

抹茶粉 — 適量

金粉 — 適量

準備

▌ 把保鮮膜鋪在模型底部，勘合蛋糕膜備用。

▌ 使用板巧克力時，需事先搗碎備用。

$Step\ 1$ { 製作 卡士達醬

1 依照與25頁相同的步驟製作卡士達醬。可是，不需要添加明膠粉和冷水。熱度消退後，放進冰箱約冷藏2小時。

$Step\ 2$ { 製作 可麗餅麵糊

2 把雞蛋打散在調理盆，用攪拌器充分攪拌。

3 把低筋麵粉過篩，放進另一個調理盆，加入精白砂糖、鹽巴，用攪拌器充分攪拌。

4 把**2**的蛋液分2次倒進**3**的調理盆混合。第1次用攪拌器確實混拌，釋放出麩質。

5 進一步加入牛乳、鮮奶油充分攪拌。

6 過濾，製作成沒有結塊的柔滑麵糊。

7 用保鮮膜緊密覆蓋，在陰涼處靜置約1小時。如此，粉末就會充分融合，產生漂亮的烤色。

8 用中火加熱平底鍋，抹上一層薄油（份量外），在濕布上放置2秒，讓平底鍋的溫度維持恆溫。熱度大概是放置在濕布上面的時候，會「咻—咻—」冒出蒸氣的程度。

9 為了讓麵糊遍佈平底鍋整體，麵糊要盡可能地均勻薄塗。

10

約經過40秒後，麵糊外圍從平底鍋上面剝離，產生焦黃色後，就是翻面的最佳時機。可以用竹籤等道具將麵皮掀開，然後一口氣翻面。

11

背面約煎烤15秒。

13

用500W的微波爐加熱白巧克力約20秒，重複多次加熱的動作，使白巧克力融化，溫度約達40℃。

不要一口氣加熱融化！
如果一口氣加熱融化，巧克力很可能焦黑，所以要分多次加熱，讓巧克力慢慢融化。大約融化2/3之後，先放置5分鐘，然後再進行攪拌，就能利用餘熱完美融化。

16

1的卡士達醬確實冷卻後，用橡膠刮刀搗散。把鮮奶油 ❺ 製成七分發，分3次加入，充分攪拌。

17

把 **15** 的材料分3次倒進 **16**，充分攪拌。

14

抹茶粉過篩後，把鮮奶油 ❶ 分3次加入。每次加入都要充分攪拌，以免造成結塊。

15

把溫度調整成40℃的 **13**，分3次加入 **14** 裡面，充分攪拌。

第1次粗略攪拌
第一次必須讓材料乳化，所以要用攪拌器快速且確實地攪拌。這樣就會產生鮮奶油和巧克力混合之後的光澤，呈現濃稠。第3次改用橡膠刮刀，從底部往上撈取混拌。

$\mathcal{S}tep\ 4$ { 層疊可麗餅 和鮮奶油

18

依照模型尺寸裁切可麗餅。如果有派皮切刀，就會更加便利。如果沒有，也可以用小刀裁切。

19

把1片可麗餅放進裝有蛋糕膜的模型裡面，用橡膠刮刀或抹刀，均勻薄塗上抹茶鮮奶油。

20

重複步驟**19**的作業，大約層疊**15**層左右，拿掉模型，放進冰箱確實冷藏凝固約2小時。

完美層疊的秘訣
只要在這個階段確定固定，之後就不容易崩塌，同時也能完美裝飾。

$\mathcal{S}tep\ 5$ { 用巧克力裝飾

21

製作裝飾用巧克力。用500W的微波爐加熱黑巧克力約20秒，重複多次加熱，讓巧克力慢慢融化。

22

把椰子油倒進融化的巧克力裡面充分攪拌，冷卻至30℃備用。

椰子油的效果
添加椰子油，巧克力就會變得更滑溜，就能更完美地裝飾蛋糕。

23

20的蛋糕確實凝固後，把蛋糕膜拿掉，顛倒放置。

24

把蛋糕放在鐵網上面，從上方澆淋巧克力，進行裝飾。

25

如果覺得只澆淋1次太薄的話，就先把蛋糕放進冰箱，待外層凝固後，再把滴落在鐵網下方的裝飾用巧克力收集起來，調溫至30℃，進行第2次澆淋。

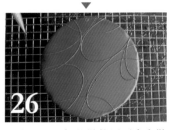

26

把冷卻至20℃的裝飾用巧克力裝進擠花紙捲（製作方法參考右頁），在上方擠出裝飾線。

27

待裝飾巧克力確實凝固後，利用抹茶粉或金粉等裝飾。用圓形的物品覆蓋在上方，再撒上抹茶粉，就能製作出鮮豔的弦月圖樣。

擠花紙捲的製作方法

所謂的擠花紙捲是指，用三角形的紙張捲成的「擠花袋」。

比起採用花嘴的擠花袋，擠花紙捲可以擠出更纖細的線條。

下面就來說明左頁也有出現的擠花紙捲的製作方法。

1

沿著對角線，把正方形的烘焙紙或OPP模剪開，製作成等邊三角形。最長邊就是擠花紙捲的前端。

2

用手指固定最長邊的中心，一邊把側邊往內側捲。

3

注意前端的尖頭，一邊把紙往內捲緊。

4

紙捲呈現圓錐狀後，把尾端往內折（位於最外側的紙），完成。

no.14_ *Hojicha scented crème brûlée*

牛蒡茶香
烤布蕾

牛蒡茶獨特的沉穩香氣和濃醇的奶油醬格外速配。
牛蒡茶在比利時並不普及，
為了讓比利時人進一步了解牛蒡茶的美味，
所以才會構思出這道甜點。

hojicha scented crème brûlée

2 h 40 min

材料《1個100g×5個》
牛乳 — 135g
牛蒡茶的茶葉 — 6g
鮮奶油（35%）— 280g
蛋黃 — 4個
精白砂糖 — 40g
精白砂糖或細蔗糖等 — 適量

準備

┃ 烤箱預熱130℃（在步驟7的時候
按下開關尤佳）。

把茶葉倒進容器，倒入1的牛乳，把保鮮膜當成蓋子，悶泡5分鐘左右。

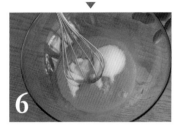

把蛋黃、精白砂糖倒進調理盆，充分攪拌。

把2的茶葉過濾掉，再次倒回鍋裡，測量重量。

一邊充分攪拌，一邊把5慢慢倒進6裡面。混合完成時，65℃的溫度是最理想的。這個時候，將烤箱預熱130℃。

如果重量未滿110g，就另外添加牛乳（份量外），使重量達到110g。

把布蕾平均倒進容器裡面，排放在烤盤裡面，把熱水倒進烤盤裡面。標準大約是讓容器的一半浸泡在熱水裡面。

Step 1｛製作布蕾

把牛乳倒進鍋裡，用小火加熱至快沸騰的程度。

把鮮奶油倒進4裡面，用小火加熱至快沸騰的程度。

用預熱至130℃的烤箱隔水加熱30～40分鐘。熱度消退後，放進冰箱冷藏2小時，確實冷卻。

Step 2 { 焦糖化

10

使布蕾的表面焦糖化。在布蕾的表面薄撒一層精白砂糖或濃郁的細蔗糖等,個人喜愛的砂糖。

▼

11

用瓦斯槍燒烤表面,使砂糖慢慢呈現焦糖化。

烘烤越多次越香

如果喜歡帶有厚度的焦糖,可以重覆薄撒精白砂糖,再用瓦斯噴槍烤成焦糖的作業。只要重覆3次,就能製作出如照片般的焦糖。

Hojicha scented crème brûlée

Mini Tips

烤布蕾的由來

　　布蕾(brûlée)的法語是焦黑的意思,直譯的話,就是「烤焦的奶油醬」。烤布蕾正如其名,就是用瓦斯噴槍把表面的砂糖烤焦,然後再進行品嚐的甜點,因為只有使用蛋黃,所以口感比布丁更綿密、濃醇。用湯匙敲碎酥脆的焦糖,再裹上奶油醬一起品嚐,口感就會更加豐富。

no.15_ *Melting matcha mousse and rare cheese*

入口即化的抹茶慕斯和非烘焙起司

入口即化的抹茶慕斯。

因為以蛋黃為基底，所以味道濃醇且深厚，

搭配非烘焙起司一起品嚐，餘韻變得清爽、鮮明。

順道一提，雖然抹茶在比利時也是廣為人知，不過，濃度卻淡得令人驚訝。

8h 🧊

材料《直徑15cm的模型1個》

脆皮巧克力
餅乾（鬆脆的碎餅乾等）— 100g
白巧克力 — 100g
椰子油 — 10g

抹茶慕斯
明膠粉 — 3g
冷水 — 15g
蛋黃 — 2個
精白砂糖 — 32g
牛乳 — 75g
鮮奶油（35%）ⓐ — 75g
抹茶 — 8g
鮮奶油（35%）ⓑ — 60g
（七分發）

非烘焙起司
明膠粉 — 4g
冷水 — 20g
奶油起司 — 120g
糖粉 — 20g
無糖優格 — 33g
鮮奶油（35%）— 100g
（七分發）

抹茶牛奶凍
明膠粉 — 2g
冷水 — 10g
煉乳 — 60g
抹茶 — 5g
牛乳 — 60g

裝飾用
煉乳 — 適量

準備
┃ 預先把蛋糕膜嵌合在模型裡面
［**A**］。
┃ 若是使用板型巧克力，需事先
敲碎備用。

A

Step 1 ｛ 製作 脆皮巧克力

1

利用與45頁相同的步驟製作脆皮
巧克力。

▼

2

把脆皮巧克力倒進模型裡面鋪
平，放進冰箱冷卻凝固20分鐘。

Step 2 ｛ 製作 抹茶慕斯

3

把冷水倒進明膠粉裡面攪拌均
勻，放進冰箱泡軟備用。

▼

4

把蛋黃、精白砂糖放進調理盆，
用攪拌器充分攪拌。

▼

5

把牛乳、鮮奶油ⓐ放進鍋裡，用
小火加熱至快要沸騰的程度，關
火。

▼

6

一邊攪拌，一邊把5慢慢倒進4
的調理盆。

▼

把 **6** 倒回鍋裡，再次用小火加熱，用橡膠刮刀一邊攪拌，一邊加熱，直到溫度達到82℃後，把鍋子從火爐上移開。

把 **10** 過濾到調理盆，充分攪拌冷卻，避免結塊。

利用與15頁相同的步驟製作非烘焙起司。可是，份量則要依85頁為準。

把 **3** 的明膠倒進 **7** 的鍋裡，充分攪拌。

把鮮奶油 **ⓑ** 製作成七分發，和冷卻至30℃的 **11** 混合，充分攪拌均勻。

倒在 **13** 的抹茶慕斯上面，抹平表面，放進冰箱約2小時。或是冷凍約30分鐘。

把 **8** 倒進容器，冷卻至40℃。

倒在 **2** 的脆皮巧克力上面，抹平表面，冷卻凝固。標準約冷藏3小時。或是冷凍約1小時。

把抹茶粉過篩，加入 **9** 裡面，充分攪拌。

16
把冷水倒進明膠粉裡面攪拌均勻，放進冰箱泡軟備用。

20
15的非烘焙起司確實凝固後，脫模。

22
拿掉蛋糕膜，用煉乳畫出線條等，自由進行裝飾後，完成。

17
把過篩的抹茶放進煉乳裡面，充分攪拌，避免結塊。

21
把19倒在上面，放進冰箱冷卻凝固1小時。

18
用500W的微波爐加熱牛乳約20秒，分2次倒進17裡面，充分攪拌。

19
用500W的微波爐加熱16的明膠約20秒，融化後，倒進18裡面，充分攪拌。

如何成為甜點師？

最近很多人問我，「如果想成為甜點師，是該去專科學校學習？還是直接去甜點店就業會比較好？」這是個很難回答的問題。就結論來說，兩種方法都是正確答案。我認為只要選擇適合自己的道路就可以了。

以我個人的情況來說，我是在高中畢業後直接去甜點店就業。因為比同年齡的人早好幾年開始工作，所以學會這項技能的時間也比較早，甜點就像化學實驗，有時也可能因為不了解理論而失敗。在就業第10年的時候，我曾經感到迷惘，「果然還是應該去專科學校才對」，不過，周遭的人卻紛紛出聲阻止，「事到如今才要去讀書，不會多此一舉嗎？」之後，我一邊工作一邊自學，考取了製菓衛生師（糕點製作衛生師）的資格，現在則以甜點師的身分在比利時工作。現在回頭想想，一旦踏進甜點師的世界，就沒有所謂的優劣之分。一切都取決於本人的動機，希望大家能夠找到適合自己的道路。

比利時的甜點學校有所謂的實習制度，入學後去甜點店實習，獲取學分的方法是一般的做法。也就是說，除了上課之外，學生還必須到甜點製作現場，親身體驗、學習。優秀的實習生通常都會被直接拔擢，因為具備畢業後就能立刻上任的即戰力，所以不論是對學校、甜點店，或是對學生來說，都是非常良好的制度。因為大部分的時間都是在甜點製作現場上課，所以聽說學費也非常便宜。

對了、對了，在日本，如果在成年之後還要再回頭去當學生的話，或許需要相當大的勇氣，不過，比利時則有很多年齡超過40歲的實習生。當地的工作環境十分完善，不論年齡多寡，只要具備動機，隨時都能夠輕鬆轉職，感覺大家總是懷抱著目標積極學習。另外，如果覺得工作不適合自己，也可以馬上換到下一份職業。比利時人不喜歡虛度光陰。這種制度能夠幫助自己在就業之前判斷那份職業是否適合自己，可說是好處多多。如果日本的專科學校也能引進這種實習制度，為升學、就業而煩惱的人應該就會減少很多吧！

Chapter 4

奢侈的冬季甜點
{ winter }

把正統的比利時巧克力製成聖誕節
或活動慶典大力推薦的華麗甜點。
介紹在寒冬搭配溫熱的飲品一起品嚐，
享受放鬆、歡愉的甜點。
好好享受冬季的恩典。

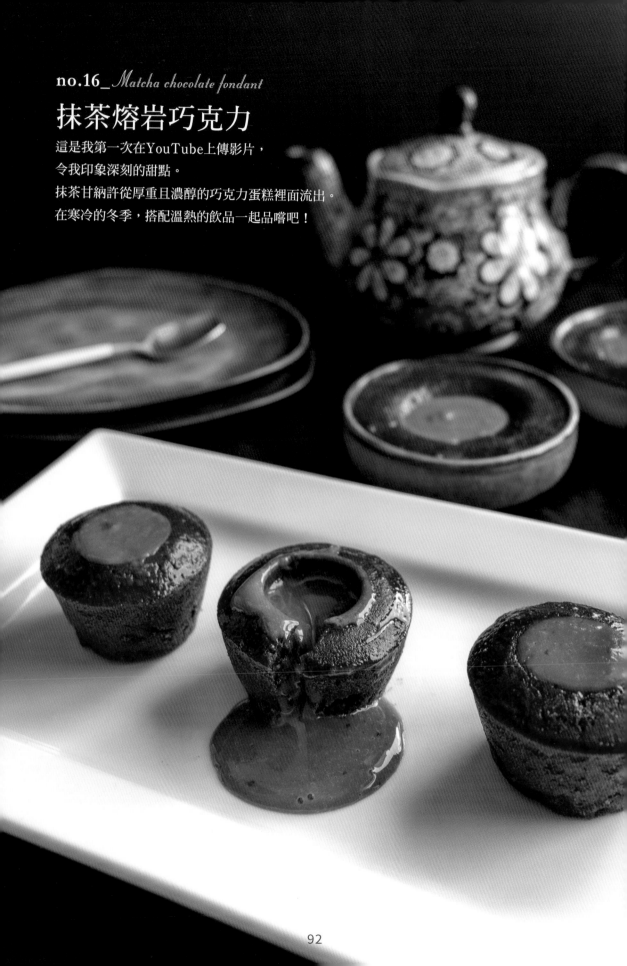

no.16_ *Matcha chocolate fondant*

抹茶熔岩巧克力

這是我第一次在YouTube上傳影片，
令我印象深刻的甜點。
抹茶甘納許從厚重且濃醇的巧克力蛋糕裡面流出。
在寒冷的冬季，搭配溫熱的飲品一起品嚐吧！

材料

《直徑51mm的矽膠模型11個》

||| 抹茶甘納許（直徑34mm）

抹茶 — 6g

鮮奶油（35%）— 90g

白巧克力 — 90g

||| 巧克力麵糊（直徑51mm）

雞蛋 — 4個

精白砂糖 — 90g

黑巧克力（可可50～60%）

— 150g

無鹽奶油 — 85g

低筋麵粉 — 65g

準備

▮ 烤箱預熱150℃（在步驟**11**的時候按下開關尤佳）。

▮ 準備大的矽膠模型（直徑51mm）和小的矽膠模型（直徑34mm）2種（沒有大的矽膠模型時，也可以用耐熱容器代替。如果容器太大的話，烘烤的時間會比較難調整，所以建議採用布蕾用小圓盅或布丁杯的尺寸大小）。

▮ 使用板巧克力時，需事先搗碎備用。

Step 1 { 製作 抹茶甘納許

1 抹茶粉過篩，放進調理盆。

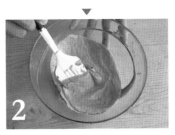

2 把鮮奶油分3次加入**1**裡面，充分攪拌，避免結塊。

3 用500W的微波爐加熱白巧克力30秒多次，一邊觀察狀態，讓巧克力慢慢融化。大約融化2/3之後，一邊攪拌，利用餘熱確實融化。

4 把**2**的材料分3次倒進**3**融化的白巧克力裡面，一開始先用橡膠刮刀充分混合。

5 接著改用攪拌器充分攪拌，讓材料乳化。

6 把**5**裝進擠花袋，擠進小的矽膠模型（直徑34mm）裡面，放進冰箱確實冷卻凝固。標準的冷藏時間約4小時。

Matcha chocolate fondant —— { winter }

$\mathcal{S}tep\ 2$ ⎰ 製作 巧克力麵糊

7

把雞蛋打進調理盆，用攪拌器混拌，盡量避免打入空氣，進一步加入精白砂糖，充分攪拌。

8

用60℃的熱水把 **7** 隔水加熱，讓溫度上升至40℃。

9

把黑巧克力和無鹽奶油放進另一個調理盆，用500W的微波爐加熱約20秒。一邊觀察狀態，重覆多次加熱，讓溫度達到40℃後，充分攪拌，讓材料乳化。

10

把 **8** 的材料分3次倒進 **9** 裡面，充分攪拌。因為加入雞蛋之後，材料會分離，所以重點就是每次加入都要確實攪拌混合，讓雞蛋和巧克力確實乳化。

11

把低筋麵粉篩入調理盆，用攪拌器混拌。這個時候，將烤箱預熱150℃。

12

把 **11** 裝進擠花袋，將麵糊擠進大的矽膠模型（直徑51mm），大約八分滿左右。

$\mathcal{S}tep\ 3$ ⎰ 最後加工

13

把 **6** 的抹茶甘納許從小的矽膠模型上取下，放進 **12** 的巧克力麵糊裡面。如果沒有大的矽膠模型，也可以把耐熱容器當成大的矽膠模型代用。

14

用預熱150℃的烤箱烤10分鐘。

調整烤的時間

請依照容器的大小，稍微延長或縮短烤的時間。麵糊整體稍微隆起的時刻，就是可以出爐的時機。

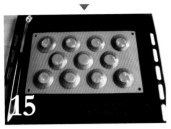

15

使用矽膠模型時，就等熱度消退後，再放進冰箱冷卻2小時。若是使用耐熱容器，則可以直接品嚐，不過，要注意避免燙傷。

16

麵糊確實冷卻後，從模型上脫模，完成。

Mini Tips

更美味的吃法

　　當麵糊偏軟，很難從矽膠模型上脫模時，只要放進冷凍庫稍微冷凍凝固，就能比較容易脫模。

　　當然，可以直接在冰冷狀態下品嚐，不過，如果在品嚐之前，先用微波爐加熱10～20秒，裡面的甘納許就會變得柔滑，就會更加美味。若是用耐熱容器製作的話，請直接用湯匙品嚐。

用微波爐
製作調溫巧克力

製作糖果巧克力和巧克力工藝的時候，

只要確實掌握調溫技巧，

就能在自己的家裡製作出完美的巧克力。

這裡介紹甜點師實際施作的調溫方法。

■調溫是什麼？

大家聽到「調溫」會想像到什麼呢？

想像巧克力師在大理石上面進行某些動作的人應該很多吧？

搞不好也有很多人會想問，「什麼是調溫？」

基本上很難用一句話說明清楚，所謂的調溫就是，

「調整巧克力的溫度，把巧克力製作成最佳狀態的『結晶』，

讓巧克力的口感變得更好，同時帶有美麗的光澤」。

這次我想利用這個難得的機會，為大家詳細說明所謂的調溫。

■巧克力的結晶

首先，就先從巧克力的『結晶』開始說起。

這部分或許比較專業一些，嚴格來說，巧克力有I～VI型（1～6型）6種結晶。

各自的性質或形狀都有不同，熔點和穩定性也是各式各樣。

在巧克力的結晶當中，尤其以I～IV型（1～4型）的熔點較低，結晶比較不穩定。

另外，VI型（6型）的結晶最穩定，但是，

熔點較高，同時也是油斑（巧克力變白）的元兇。

■調溫以V型（5型）為目標

那麼，我們人類覺得最美味的是哪一型的巧克力結晶呢？

答案是V型（5型）。

V型的結晶是品嚐的時候硬脆，然後入口即化，光澤漂亮的巧克力。

夠聰明的人或許已經有所察覺。沒錯，所謂的調溫就是，調整巧克力的溫度，

把巧克力調整成被視為最佳狀態的V型（5型）結晶。

例如，甜點製作時最常使用的調溫巧克力，

就已經是最完美的V型（5型）結晶。

■學習調溫吧！

只要使用這次介紹的「用微波爐製作調溫巧克力」的技巧，

任何人都可以在自己家裡製作調溫巧克力。

重點就是在不破壞最佳狀態的V型（5型）的狀態下，使巧克力融化。

下一頁將會解說製作方法，請大家務必試著挑戰看看。

那麼，在開始之前有個注意事項。這個方法只建議應用在少量的調溫，

原則上並不適合大量巧克力的調溫。因為量多的話，

必須花費更多時間微波，就會比較缺乏效率。在習慣之前，還是需要多加練習，

請大家務必學習，試著製作出不輸給巧克力師的巧克力。

■開始之前……

○調溫要以製作V型（5型）結晶的巧克力為目標。

○溫度超過34℃就會破壞V型（5型）結晶。

　簡單來說，就是用34℃以下的溫度，把所有的巧克力徹底融化。

○因為使用的是微波爐，所以一不小心就會超過34℃。

　初學者還不習慣的時候，只要先以33℃以下的溫度融化巧克力，就會比較安心一點。

準備的道具

〔絕對必備的道具〕

〔**A**〕溫度計

如果可以，建議使用紅外線感應類型，因為馬上就能測量，所以作業性比較好。

〔**B**〕橡膠刮刀

攪拌時使用。

〔**C**〕可微波的容器

建議採用耐熱的塑膠調理盆。如果沒有，也可以採用其他耐熱容器。形狀就以調理盆的造型尤佳。如果有稜角的話，邊角部分的巧克力可能會焦黑。

〔如果有，就會更便利的道具〕

〔**D**〕塑膠膜

製作巧克力塗層的時候特別好用。大賣場的桌墊賣場等都有販售。

→下頁開始學習「用微波爐製作調溫巧克力」。

調溫的方法

1

把巧克力放進耐熱盆（這次使用300g的巧克力）。使用板狀巧克力或巧克力的顆粒較大時，要用菜刀盡量切碎。

2

把耐熱盆放在微波爐的正中央，用500W逐次加熱，每次加熱30秒，讓巧克力慢慢融化。

照片中使用的是300g的巧克力，如果數量更少的時候，就調整成每次10～15秒，同時必須更勤勞地觀察狀態。

3

用500W加熱，每次加熱30秒。每次晃動一下耐熱盆，讓巧克力的位置移動。

4

第1～2次的加熱不會有太大的變化，到了第3～4次左右，巧克力開始慢慢融化，顆粒就會彼此相黏在一起。

5

加熱第5～6次的時候，中央的巧克力會開始融化。這個時候就可以測量溫度。

6

測量中央的溫度，結果溫度超過35℃。相對之下，周圍的巧克力溫度則落在30℃左右。在這個狀態下靜置約5分鐘，利用餘熱讓巧克力慢慢融化。

7

放置5分鐘後，用橡膠刮刀大幅度地混拌整體。

避免混拌過度！
請避免過度混拌。如果碰觸過度，結晶就會變得過多，就會導致巧克力的流動性不佳，就變得不容易處理。容易處理的是流動性比較好的巧克力。若要維持流動性，就必須輕柔混拌，避免空氣進入。

巧克力和溫度
這個時候，如果35℃的部分約佔整體的2/3左右，30℃的部分佔1/3的話，一次成功的機率就會比較高。溫度超過34℃的時候，V型（5型）的結晶就會遭到破壞。這個時候，雖然中央的結晶開始被破壞，但是，周圍的巧克力仍大多屬於V型。在這個狀態下靜置，周圍的V型結晶就會拉扯中央的結晶，就能使整體呈現V型的最佳狀態。

調溫檢查

利用餘熱使整體融化後，再次測量溫度。確認溫度在34℃以下。只要溫度沒有超過34℃，調溫就成功了。

沒有徹底融化時……
如果沒有徹底融化的話，就改成每次微波10秒，同時一邊觀察狀態。這個時候請注意避免讓巧克力整體的溫度超過34℃。真的要一點一滴地觀察狀態。如果超過34℃，調溫就會失敗，就完全無法補救了，所以要多加注意！

調溫檢查就是，把巧克力滴在抹刀或菜刀上面，檢查流動的速度是否太慢？或者是否有開花的現象（巧克力變成白色）。不要放進冰箱，在室溫（20℃左右）底下檢查才是最正確的。如果調溫成功的話，大約經過5分鐘，巧克力應該馬上就會凝固。

模型巧克力

擠花紙捲聖誕樹

咖啡甘納許
糖果巧克力

適合當成情人節禮物的糖果巧克力。
為了迎合不愛吃甜的人，
刻意添加了微苦的咖啡甘納許。
請大家務必學習調溫，
把它送給自己所珍愛的對象。

½ day　4 h　30 min

材料《直徑3cm×24個的塑膠模型1個》

Ⅲ 裝飾
　白巧克力 — 適量（調溫）
　黑巧克力 — 適量（調溫）
　銀箔或金箔、金箔噴霧等
　　— 依個人喜好

Ⅲ 塗層用巧克力
　黑巧克力（可可55%）（調溫）
　　— 約500g

Ⅲ 咖啡甘納許
　咖啡豆 — 4g
　鮮奶油（35%）— 90g
　即溶咖啡 — 0.5g
　黑巧克力（可可55%）— 110g
　牛奶巧克力（可可33%）— 25g
　無鹽奶油 — 25g

準備

▎製作巧克力的理想環境是室溫20℃左右、濕度40%左右。

▎比起矽膠材質，塑膠材質的模型會更理想，更容易製作出光澤，作業也更容易。

▎用海綿沾中性清潔劑，盡可能把沾在模型上面的油脂（指紋等）清洗乾淨（這樣一來，巧克力就能呈現光澤）。

▎模型完全乾掉後，噴灑酒精噴霧，並用棉布徹底擦拭，以防止起霧。

▎建議預先鋪上大賣場等場所販售的透明桌墊，就能更輕易地清理滴落的巧克力。

▎塗層用和裝飾用的巧克力要個別調溫（作法請參考98頁）。

▎使用板巧克力時，需事先搗碎備用。

Step 1 { 裝飾表面

1 用烘焙紙製作2個擠花紙捲（製作方法參考79頁），分別裝入各自調溫的白巧克力和黑巧克力。

▼

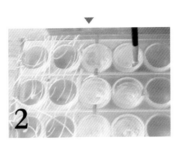

2 用各種不同的圖樣裝飾表面。首先，用擠花紙捲畫出白巧克力的線條、用筆在模型上畫出圖樣。

▼

3 使用擠花紙捲，把黑巧克力擠進模型裡面，約一半份量。把沒有黏在表面的巧克力移除，將黑巧克力薄塗在模型的表面。

▼

4 使用金箔噴槍、金箔、銀箔自由裝飾。裝飾完成後，用刮刀或攪拌刮刀把超出模型的多餘巧克力刮掉。

Step 2 { 擠入巧克力

5 把調溫好的塗層用巧克力快速擠進模型裡面。

▼

6 拍打模型側面多次，排出空氣。

▼

7 將模型快速翻面，然後進行拍打，等待一段時間，讓尚未凝固的巧克力掉下來。滴落的多餘巧克力凝固後，收集起來備用。

▼

8 巧克力凝固之後，用刮刀或攪拌刮刀把超出模型的多餘巧克力刮掉，在15～18℃左右的陰涼處靜置半天左右，讓巧克力慢慢凝固。

Step 3 { 製作 咖啡甘納許

9

把咖啡豆切碎。

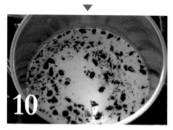

10

把切碎的咖啡豆和鮮奶油放進鍋裡，用小火加熱至快要沸騰的程度。

11

把咖啡豆過濾掉，倒進調理盆。

12

再次把**11**倒回鍋子，加入即溶咖啡，用小火加熱至快要沸騰的程度。

13

把黑巧克力和牛奶巧克力放進容器，將**12**的材料倒入，用攪拌機充分混合攪拌。攪拌機也可以改用攪拌器取代。

14

13的材料冷卻至40℃後，加入無鹽奶油，用攪拌機充分攪拌至柔滑程度。

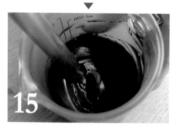

15

如果使用的是攪拌器，就用磨擦攪拌的方式充分混拌，避免空氣進入，讓材料乳化至柔滑程度。

Step 4 { 最後加工

16

讓**15**冷卻至30℃。

17

把**16**的咖啡甘納許裝進擠花袋，均等擠進**8**的裝飾模型裡面。

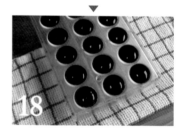

18

在棉布等上面拍打模型底部多次後，在15～18℃左右的陰涼處靜置約3小時，使甘納許凝固。

19

把**7**滴落凝固的巧克力切碎，再次調溫。裝進擠花袋，擠在甘納許上面。

拍打模型底部多次,用刮刀或攪
拌刮刀抹平後,蓋上蓋子。在
15～18℃左右的陰涼處確實凝固
約10分鐘。

顛倒模型,在砧板上輕輕拍打,
將糖果巧克力脫模,完成。

送給珍愛的法式巧克力蛋糕

蛋糕體不容易軟塌，所以容易攜帶，

最適合用來當成伴手禮或禮物的法式巧克力蛋糕。

只要記住製作步驟，就能夠輕鬆製作。

只要依個人喜好，套上保鮮膜，在冰箱裡面放置一晚，

就能增添厚重感，變得更加美味！

Lovely chocolate cake

⏱ 1h 30min 🔲

材料《直徑15cm的模型1個》

▐▐▐ 法式巧克力蛋糕

低筋麵粉 — 35g

可可粉 — 35g

無鹽奶油 — 75g

鮮奶油（35%）— 50g

黑巧克力（可可50～60%）— 80g

蛋黃 — 4個

精白砂糖 **ⓐ** — 50g

蛋白 — 80g（2個）

精白砂糖 **ⓑ** — 70g

▐▐▐ 裝飾用

水果或香草 — 個人喜好

鮮奶油（35%）— 個人喜好

糖粉 — 適量

準備

▐ 按照模型的尺寸，把烘焙紙剪裁成6cm高，鋪在模型裡面。

▐ 烤箱預熱140℃（在步驟4的時候按下開關尤佳）。

▐ 使用板巧克力時，需事先搗碎備用。

1 用攪拌器充分混拌低筋麵粉和可可粉，避免結塊。

> 融化後放在微波爐裡面，讓材料維持在40℃。

2 把無鹽奶油、鮮奶油、黑巧克力放進耐熱容器。用500W的微波爐加熱30秒，每次加熱後就稍微攪拌一次，加熱的動作重覆3次。

3 把精白砂糖 **ⓐ** 倒進蛋黃裡面，用手持攪拌機充分攪拌，直到呈現泛白、濃稠。

> 精白砂糖比較多，所以能製作出筋性較強的蛋白霜。

4 用手持攪拌機攪拌蛋白，一邊將精白砂糖 **ⓑ** 分7次加入，製作成勾角挺立、質地細緻的蛋白霜。這個時候，將烤箱預熱140℃。

5 把 **3** 和 **4** 的材料混合，以畫大圓的方式混拌5次。這個時候，就算蛋黃和蛋白沒有充分混拌均勻也OK。

6 把 **1** 的材料過篩，放進 **5** 裡面，以從調理盆底部畫圓的方式粗略攪拌。注意避免攪拌過多，以免擠破氣泡。

7 撈2坨保溫40℃的 **2** 到 **6** 的麵糊裡面，充分混合攪拌。讓材料和麵糊融合，就能預防倒回攪拌的時候攪拌過度，氣泡就不容易擠破。

8 把 **6** 倒回 **7** 裡面，以畫大圓的方式攪拌15次左右。注意避免攪拌過多。

9 把 **8** 倒進模型裡面，用預熱140℃的烤箱烤1小時左右。出爐後放涼。

10 撒上糖粉，用鮮奶油或水果等自由裝飾後，完成。當然，就算直接品嚐，也是非常美味的喔！

no.19_ *Rich chocolate cake*

濃醇巧克力蛋糕

改良法式巧克力蛋糕的麵糊，
同時再搭配上濃醇巧克力奶油醬的自信作。
使用保濕性絕佳的水飴，如果可以就靜置一天，
讓巧克力奶油醬顯得更加醇厚、柔滑。

材料《直徑15cm的模型1個》

||| 巧克力奶油醬

鮮奶油（40%）**ⓐ** — 240g

水飴 — 70g

牛奶巧克力 — 55g

黑巧克力（可可50~60%）

— 115g

鮮奶油（40%）**ⓑ** — 215g

||| 巧克力海綿蛋糕

低筋麵粉 — 75g

無鹽奶油 — 75g

黑巧克力（可可50~60%）— 75g

蛋黃 — 4個

精白砂糖**ⓐ** — 50g

蛋白 — 80g（2個）

精白砂糖**ⓑ** — 70g

||| 糖漿

水 — 40g

精白砂糖 — 40g

白蘭地 — 8g

||| 裝飾用

可可粉 — 適量

糖粉 — 適量

喜歡的水果 — 個人喜好

準備

| 烤箱預熱140℃（按下開關的時機參考105頁）。

| 使用板巧克力時，需事先搗碎備用。

Step 1 { 巧克力奶油醬備料

1

把鮮奶油 **ⓐ** 和水飴放進鍋裡，開小火一邊攪拌加熱，直到快要沸騰的程度。

2

把牛奶巧克力和黑巧克力放進容器，倒入**1**的材料，用攪拌機混合攪拌，直到呈現柔滑的程度（也可以用攪拌器或手持攪拌機代替使用）。

3

2的材料冷卻至40℃後，加入鮮奶油**ⓑ**，充分攪拌。混合完成後，溫度呈現28℃是最理想的。

4

覆蓋上保鮮膜，如果可以在冰箱放置1天或至少4小時。這樣就能製作出柔滑的奶油醬，視覺上也會變得更漂亮。

Step 2 { 製作巧克力海綿蛋糕

5

依照與105頁法式巧克力蛋糕相同的步驟製作巧克力海綿蛋糕（可是，這裡不使用可可粉和鮮奶油，份量以107頁的內容為準）。

6

出爐後，用竹籤標出參考線，把冷卻的海綿蛋糕切成厚度平均的薄片4片。

巧克力的溫度管理

偶爾會收到這樣的留言，「不管怎麼冷卻，都還是稀稀疏疏的，無法凝固」，其實只要確實遵守**3**的溫度，確實做好調溫工作，就能確實凝固。甚至，事後使用的時候，也可以縮短手持攪拌機攪拌的時間。

$\mathcal{S}tep\ 3$ { 製作糖漿

7

把水和精白砂糖放進容器，用500W的微波爐加熱30秒，直到精白砂糖融化。

8

把白蘭地倒進 7 裡面，充分混拌，冷卻備用。

享受更多香氣
只希望享受酒香的人，請在加入白蘭地之後，再次加熱。不管是哪種酒都可以，請選擇個人喜歡的種類。當然，害怕酒味的人也可以略過。

$\mathcal{S}tep\ 4$ { 層疊海綿蛋糕和奶油醬

9

用手持攪拌機把 $\mathcal{S}tep\ 1$ 備料完成的巧克力奶油醬打發至勾角挺立的程度，裝進擠花袋。

10

把 8 的糖漿拍打在 6 海綿蛋糕的兩面，把 9 擠在上方，擠成螺旋狀。只要擠成螺旋狀，就能製作出均等厚度的夾層。

11

下個巧克力海綿蛋糕也要在兩面拍打上糖漿，然後重疊在 10 的上面，再擠上巧克力奶油醬。

12

最上方的海綿蛋糕也要在兩面拍打上糖漿，層疊之後稍微壓平，調整形狀。

13

把蛋糕放在旋轉台（盤子也OK），一邊轉動，一邊用抹刀在上方抹上均等的奶油醬。

14

一邊轉動旋轉台（或盤子），側面也要抹上均等的奶油醬。剛開始先粗略塗抹，接著垂直拿著抹刀，進行薄塗。

15

從外側往內側塗抹，將上方溢出的奶油醬抹平。

16

抹除沾在底部的多餘奶油醬。剩餘的奶油醬用來裝飾。

17

把 *Step 4* 剩餘的巧克力奶油醬裝進
擠花袋，自由擠出，進行裝飾。
這個時候先暫時把蛋糕放進冰箱
約30分鐘，讓奶油醬稍微變硬。

18

蛋糕冷卻後，最後撒上可可粉和
糖粉。

19

再依個人喜好，裝飾上喜歡的水
果，大功告成。

no.20_ *Cake roll with banana and rich chocolate cream*

香蕉巧克力
蛋糕捲

使用濃醇巧克力奶油醬的另一個作品。
搭配鬆軟輕盈的海綿蛋糕和香蕉，
製作成大人、小孩都喜歡的蛋糕捲。
只要加上聖誕節的裝飾，
就能瞬間變身成聖誕樹幹蛋糕。

Cake roll with banana and rich chocolate cream

材料《30cm的蛋糕捲1條》

巧克力奶油醬
鮮奶油（40%）ⓐ — 160g
水飴 — 50g
牛奶巧克力 — 35g
黑巧克力（可用50～60%）
　　— 80g
鮮奶油（40%）ⓑ — 150g

巧克力海綿蛋糕（30×30cm）
低筋麵粉 — 50g
可可粉 — 10g
雞蛋 — 3個
精白砂糖 — 60g
水飴 — 12g
牛乳 — 30g
沙拉油 — 10g

裝飾用
內餡用的香蕉 — 2條左右
白巧克力 — 適量
水果或巧克力裝飾 — 個人喜好

準備

▎預先把烘焙紙（30×30cm）鋪在烤盤裡面［A］。

▎把牛乳和沙拉油倒進相同容器，預先恢復至常溫。

▎預先煮沸約60℃的熱水。

▎烤箱預熱190℃（在步驟4的時候按下開關尤佳）。

A

$Step\ 1$ ｛ 製作 巧克力奶油醬

1

利用與107頁濃醇巧克力蛋糕 $Step\ 1$ 相同的步驟製作巧克力奶油醬。雖然份量變得比較少，不過，步驟是相同的。

$Step\ 2$ ｛ 製作 巧克力海綿蛋糕

2

用攪拌器確實攪拌低筋麵粉和可可粉，避免結塊。

3

把雞蛋、精白砂糖、水飴放進另一個調理盆，用60℃的熱水隔水加熱，一邊用攪拌器充分攪拌，使溫度達到40℃。

4

把3隔水加熱的熱水拿掉，用手持攪拌機打發，直到攪拌機拿起時，痕跡不會在3秒內消失的程度。這個時候，將烤箱預熱190℃。

5

把2的材料過篩，倒進4裡面，從調理盆的底部，以畫大圓的方式攪拌15次左右。

6

撈2坨5的麵糊到裝有牛乳和沙拉油的容器裡面，充分攪拌。

7

把6的材料倒回5，從調理盆的底部，以畫大圓的方式粗略攪拌。避免攪拌過度。

8

把麵糊攤平在舖有烘焙紙的烤盤裡面。

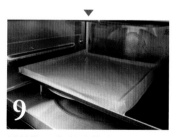

9

用預熱190℃的烤箱烤10分鐘，出爐後，放涼。

Step 3 { 製作蛋糕捲 }

10
用手持攪拌機把 *Step 1* 的巧克力奶油醬確實打發成勾角挺立的程度。

11
Step 2 出爐的巧克力海綿蛋糕完全冷卻後，撕掉烘焙紙。讓撕掉烘焙紙的那一面朝上，把巧克力海綿蛋糕放在新的烘焙紙上面。

12
把 **10** 的巧克力奶油醬抹在海綿蛋糕上，將香蕉排在開始捲的那一端。為了捲得更漂亮，末端1cm的部分不要抹上奶油醬。

13
一邊把烘焙紙捲在擀麵棍上面，以香蕉為軸心，一邊捎緊，往內捲。

14
一旦開始，就要一口氣捲到最後，中途不要停頓，這便是訣竅所在。

15
讓蛋糕捲的末端朝下，修整好形狀後，放進冰箱冷藏30分鐘，讓形狀穩定。

Step 4 { 最後加工 }

16
把 **10** 的巧克力奶油醬塗抹在蛋糕捲的上半部，切掉兩端。切成個人喜歡的長度（這次是切成2等分，不過，就算維持整條也OK）。

17
撒上削成薄片的白巧克力。

18
裝飾上個人喜歡的水果或巧克力，大功告成。

巧克力大國比利時自豪的『巧克力世界』

說到比利時，大家會優先想到什麼呢？回答巧克力的人肯定會跟比利時鬆餅一樣多吧？本書也介紹了很多使用巧克力的食譜，不用說，大家都知道比利時是巧克力大國。

比利時有間深受全球頂尖甜點師和巧克力師喜愛的巧克力模型專賣店「巧克力世界（Chocolate World）」。那裡也有販售本書製作糖果巧克力的模型。

糖果巧克力的製作方法有包覆（Enrobing）和塑型（molding）兩種。包覆是預先製作方形的甘納許，然後再用巧克力把甘納許包覆起來的製作方法。這是不使用模型，源自法國的製作方法。

相對之下，塑型則是可以把柔軟的甘納許或果凍塞進巧克力裡面的製作方法。這種製作方法源自比利時，能夠同時表現出外層硬脆、內餡柔滑的口感。100頁介紹的「咖啡甘納許糖果巧克力」也是採用這種塑型製法。

塑型製法源自比利時，而巧克力世界則擁有最齊全的塑型用模型。這裡有許多原創模型的製造販售，「只要使用這個模型，就能製作出帶有光澤且漂亮的糖果巧克力」，儼然就是巧克力師們的夢幻世界。世界各地的巧克力師都會來這裡找尋巧克力模型。

第一次到巧克力世界的時候，店裡豐富的模型種類和低廉的價格，真的讓我感到十分驚訝。實際上，因為所屬於巧克力世界的巧克力師們每天都在研究模型，所以這裡的模型非常易於使用，同時也很耐用。真的不是開玩笑的，只要用過一次這裡的模型，保證絕對沒辦法再用其他的模型。

日本也可以買到巧克力世界的模型，不過，種類並不多。而且，種類不多就算了，價格更是貴得嚇死人！甚至會讓人不禁懷疑，直接在日本當地購買和親自飛到比利時購買，到底哪一種比較划算……？有興趣的人請務必親自走一趟比利時誇耀全球的巧克力世界。

Chapter 5

百吃不膩的甜點
{ reuse }

絕對不浪費材料——。
這是甜點師工作的時候，
必須隨時注意的事。
本章介紹
徹底用完材料的密技食譜。

no.21_ *Tart dough crumble*

直接品嘗也很美味
塔皮酥餅碎

可以直接吃，也可以當成塔皮使用的酥餅碎。
英語crumble的意思是「細碎的物品」，
而德語用來代表「散落、潑撒」之意的詞彙則是streusel。
比利時大多都是採用後者，不過，不管是哪種稱呼，
一看就可以知道，這就是一種鬆脆的甜點。
使用精白砂糖尤佳，因為可以提高鬆脆感。

⏱ 70 min 🔲 🧊

材料《38×45cm的烤盤一個》
精白砂糖 ─ 60g
杏仁粉 ─ 60g
低筋麵粉 ─ 72g
鹽巴 ─ 1.2g
無鹽奶油 ─ 55g
　（切成骰子狀，放進冰箱確實冷藏）
塗佈用巧克力 ─ 適量

準備
▎烤箱預熱至160℃（最好在步驟4
後30分鐘再開機）。

1 把精白砂糖、杏仁粉、低筋麵粉、鹽巴放進食物調理機，攪拌約5秒，將整體粗略混合。

2 把無鹽奶油放進 **1** 裡面，啟動食物調理機攪拌，使整體呈現小碎粒。這個時候，就算有點鬆散也OK。

3 把 **2** 倒在砧板上，用手搓成整團。剛開始有點鬆散，所以很難彙整成團，不過，仔細搓揉後，奶油就會融出，麵團就會變得濕潤，逐漸成團。

4 用保鮮膜把 **3** 包起來，用擀麵棍擀壓成均勻厚度，放進冰箱靜置30分鐘。30分鐘後，把烤箱預熱至160℃。

5 把 **4** 取出，放在撒有手粉（份量外的低筋麵粉）的砧板上面，用擀麵棍將厚度擀壓成3mm。

6 用喜歡的模型進行切模，或是切成個人喜愛的大小，然後排放在烤盤上面（當成塔皮時，就擀壓成塔皮形狀）。這次是切成長方形。

7 用預熱的烤箱烤25分鐘。

8 出爐後，放涼，完成。

9 當然，直接吃也非常好吃。不過，也可以用巧克力進行塗佈等，自由進行搭配。

no.22_ *Fruit puree*

用剩餘的水果享受

水果泥

如果有剩餘的水果，請務必製作成水果泥品嚐。

可以淋在優格上面，或是製作成冰沙、慕斯蛋糕等，

各種情境都可以加以應用。

也建議用櫻桃、芒果、蘋果或洋梨等水果進行製作。

可以大膽保留果肉感，或是把種籽搗碎，享受顆粒感等，

試著添加個人喜愛的元素吧！

保存期限的標準是冷藏5天、冷凍約3個月。

材料
水果 — 個人喜好（這次是草莓或莓果類）
精白砂糖 — 水果量的2成
　（例如，水果100g時，精白砂糖就是20g）
檸檬汁 — 個人喜好（這次使用1/2顆）

Fruit puree ── { reuse }

1 把製作藝術蛋糕等多餘的水果清洗乾淨，去除蒂頭等多餘部分。

4 如果不喜歡有種籽，就把 **3** 過濾，讓質地更加柔滑。

2 把水果和精白砂糖、檸檬汁放進鍋裡，用小火加熱煮沸，偶爾攪拌。

5 倒進保存容器裡面，蓋上保鮮膜，熱度消退後，冷凍或冷藏保存。

3 **2**的材料煮沸後，關火，倒進容器，用攪拌機或果汁機充分攪拌，直到呈現柔滑狀。

可以淋在優格上面，或是搭配香蕉、牛奶、優格一起製作成冰沙。只要預先冷凍存放，就能在需要的時候，馬上製作成慕斯蛋糕。

用多出的鮮奶油做焦糖醬

焦糖醬／濃醇布丁

鮮奶油靜置之後，脂肪和水分就會逐漸分離。
在油水分離之前，讓它變身成萬能焦糖醬吧！
除了非常適合搭配磅蛋糕、布丁、法式土司之外，
若是淋在濃醇的布丁上面，更能化身成絕佳甜品。
標準的保存期間大約是冷藏2星期。

⏱ 45min 🔌

材料

▋▋▋ **焦糖醬**

剩餘的鮮奶油 ── 適量

（不論是液體或是已打發的種類都OK）

精白砂糖 ── 約鮮奶油重量的七成

（例如，鮮奶油100g時，

精白砂糖則是70g）

1 day · 2 h · 20 min

▋▋▋ **濃醇布丁**

（100g×約6個分）

ⓐ
- 牛乳 ── 260g
- 鮮奶油（35%）── 70g
- 精白砂糖 ── 90g
- 香草豆莢 ── 1/4支

ⓑ
- 雞蛋 ── 3個
- 蛋黃 ── 4個

準備

▋ 烤箱預熱130℃（在步驟7的時候按下開關尤佳）。

> 鮮奶油如果太冷，添加的時候可能會噴濺，需要多加注意。

1

〔製作焦糖醬〕

鍋子用小火加熱，加入少量的精白砂糖，靜待精白砂糖變成透明。

2

精白砂糖融化後，重複加入精白砂糖的作業。達到某程度的融化後，用木鏟偶爾攪拌。如果攪拌太多，就會造成結塊，所以要盡量避免接觸，使精白砂糖變成焦糖色。

3

把沾在木鏟上面的焦糖刮下，事後整理的時候就會比較輕鬆。進行這個作業的期間，用500W的微波爐加熱鮮奶油約20～30秒，一邊觀察狀態，使鮮奶油變成溫熱。

4

所有精白砂糖都加入，並且呈現焦糖色之後，關火。分5次倒入稍微冒出熱氣的溫熱鮮奶油，逐次加入，每次加入都要充分攪拌。

5

如果一口氣加入，高溫的焦糖就會往上噴濺，非常地危險，所以要逐次少量加入。

6

倒進容器裡面，熱度消退之後，焦糖醬就完成了。

7

〔製作布丁〕

把ⓐ倒進鍋裡，用小火加熱，直到快要沸騰的程度。一邊攪拌，一邊把它倒入充分打散的ⓑ裡面。這個時候，將烤箱預熱130℃。

8

過濾7的材料，均等倒進布丁杯裡面，排放在耐熱容器裡面。用鋁箔作為臨時的蓋子。

9

倒入與布丁液相同高度的60℃熱水，用130℃的烤箱隔水加熱約50分鐘。

10

出爐後，拿掉鋁箔。待熱度消退後，放進冰箱確實冷藏1天。依個人喜好，淋上6的焦糖醬。

no.24_ *Chocolate on peel*

皮也不浪費
巧克力橙皮

如果有多餘的柑橘類果皮，可以把它冷凍保存起來，製作成橙皮。

帶有清爽風味的橙皮，只要裹上巧克力，就能更添風味，

柚子皮能製作成香氣濃厚的厚橙皮。

蘋果皮等也可以加以應用。

只要把橙皮切成細絲，混進馬芬、磅蛋糕，

或是巧克力脆脆（參考41頁）裡面，就能享受更濃醇的香氣。

2 day　3 h　50 min

材料

柑橘類的果皮（柳橙或葡萄柚等）— 200g

水 — 200g

　（柑橘類果皮和水同等份量）

精白砂糖 — 360g

　（精白砂糖的份量是果皮和水的1.8倍）

黑巧克力 — 適量

　（大約300g會比較容易塗佈）

1 把幾乎淹過果皮的水（份量外）倒進鍋裡，開火加熱，烹煮果皮。去除果皮的澀味，讓皮形成清爽的味道。

4 將橙皮修整成長條狀。

7 砂糖沸騰，橙皮呈現透明的琥珀色後，把鍋子從火爐上移開。

2 用大火煮沸。咕嘟咕嘟沸騰之後，把鍋子從火爐上移開，將熱水倒掉。這個作業重複2～3次，就可以製作出沒有苦味的橙皮。

5 切掉的橙皮同樣也可以用另一個鍋子製作成橙皮，就能把它混進磅蛋糕或巧克力裡面，增加更多可應用的場合。

8 將每條橙皮取出放置在鐵網上，在通風良好的場所（室內陰涼且盡可能沒有溼氣的場所）靜置2天，讓砂糖結晶化。

3 切掉橙皮上的白色部分，留下適當的厚度。

6 把果皮和水、精白砂糖放進鍋裡，開小火加熱，約烹煮2小時。

9 沾上調溫（作法參考98頁）巧克力，完成。

no.25_ *Matcha Financier*

蛋白也能用掉

抹茶費南雪

只使用蛋黃，往往會導致蛋白過剩。

這個時候，就讓冰箱或冷凍庫裡面的蛋白，變身成美味的費南雪吧！

順道一提，我通常都會把不使用的蛋白放進保存容器冷凍保存，

然後再進一步放上蛋白，進行冷凍……就這樣不斷重複。

使用的時候，我會把蛋白半解凍，

用湯匙刮下來，放到其他容器，再放進冰箱解凍。

⁴ʰ 🔲 🍽

材料《直徑7.5cm的
甜甜圈造型矽膠模型6個》

無鹽奶油 ── 110g
蛋白 ── 130g
精白砂糖 ── 130g
杏仁粉 ── 50g
低筋麵粉 ── 50g
泡打粉 ── 2.5g
抹茶 ── 4g

準備

▌烤箱預熱170℃（在進入步驟9的
5分鐘前按下開關尤佳）。

▌在矽膠模型上薄塗一層沙拉油
（份量外），就會比較容易脫模。

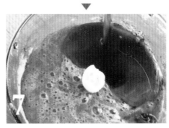

把蛋白放進食物調理機裡面，用
低速攪拌，去除蛋白的筋性（沒有
食物調理機的時候，也可以用攪拌器攪
拌）。

使用食物調理機比較不會產生氣
泡，同時也能切斷蛋筋，會比用手
攪拌更輕鬆。製作費南雪的訣竅就
是盡量使用沒有蛋筋（非新鮮）的
蛋白，把多餘的蛋白冷藏保存3天以
上，就能烤出完美的費南雪（不需
要刻意切斷蛋筋）。

把無鹽奶油切成薄片放進鍋裡，
用小火至中火加熱。周邊呈現焦
黃色後，把鍋子從火爐上移開，
讓鍋底浸泡冷水，使溫度下降，
以免繼續焦黑下去。

加入精白砂糖，一邊觀察狀態，
一邊攪拌。

讓2焦黃奶油的溫度下降至35℃
後，倒進6的食物調理機裡面，
進一步用食物調理機攪拌。

加入杏仁粉，再進一步把低筋麵
粉、泡打粉、抹茶過篩加入。

用濾網過濾，調整麵糊的質地。
覆蓋上保鮮膜，靜置2～3小時（冬
天放在室溫底下，夏天放進冰箱）。在
進入步驟9的5分鐘前，把烤箱預
熱170℃。

用濾網過濾，去除多餘的焦黑部
分。在常溫下放涼。

用食物調理機攪拌，使整體充分
混拌。

若是放進冰箱靜置的話，麵糊會
變硬，所以要在倒進模型的30分
鐘之前，在室溫下放軟。把麵糊
倒進模型裡面，用170℃的烤箱烤
22分鐘。

作者

Les sens ciel

居住在比利時的甜點師、巧克力師。父親是法式料理主廚，從小耳濡目染而成為一名甜點師。在多家日本西式甜點店擔任學徒之後，遠赴巧克力的發源地比利時進修，成為一名巧克力師。2015年，在比利時號稱能夠讓新手甜點師一舉成名的比賽上獲得冠軍。2019年，在巧克力世界大賽「The International Chocolate Awards World Final」中榮獲銀牌。2018年，開始上傳食譜、旅遊等相關影片到Youtube個人頻道。深具療癒效果的絕美影像和優雅配樂吸引了不少訂閱數。

x　@Lessensciel2
Instagram　@lessensciel.recette

TITLE

嚐一口就幸福！比利時糕點師精品甜點

STAFF

出版	瑞昇文化事業股份有限公司
作者	Les sens ciel
譯者	羅淑慧
創辦人／董事長	駱東墻
CEO／行銷	陳冠偉
總編輯	郭湘齡
責任編輯	張聿雯
文字編輯	徐承義
美術編輯	謝彥如
國際版權	駱念德　張聿雯
排版	二次方數位設計 翁慧玲
製版	印研科技有限公司
印刷	桂林彩色印刷股份有限公司
法律顧問	立勤國際法律事務所　黃沛聲律師
戶名	瑞昇文化事業股份有限公司
劃撥帳號	19598343
地址	新北市中和區景平路464巷2弄1-4號
電話／傳真	(02)2945-3191／(02)2945-3190
網址	www.rising-books.com.tw
Mail	deepblue@rising-books.com.tw
港澳總經銷	泛華發行代理有限公司
初版日期	2024年6月
定價	NT$380／HK$119

ORIGINAL JAPANESE EDITION STAFF

撮影・イラスト	レソンシエル
カバー写真	Julie Grégoire
デザイン	塙 美奈、清水真子 ［ME&MIRACO］
DTP	山本秀一、山本深雪 ［G-clef］
校正	麦秋アートセンター
写真編集	酒井俊春 ［SHAKE PHOTOGRAPHIC］
英語監修	福井睦美
編集協力	宮本香菜

國家圖書館出版品預行編目資料

嚐一口就幸福!比利時糕點師精品甜點 / Les
sens ciel作；羅淑慧譯. -- 初版. -- 新北市：瑞
昇文化事業股份有限公司, 2024.06
　128面；　18.2x25.7公分
ISBN 978-986-401-747-8(平裝)

1.CST: 點心食譜

427.16　　　　　　　　　　113006844